Artificial
Intelligence

基礎テキスト

# はじめての
# AIリテラシー

岡嶋裕史＋吉田雅裕 ［共著］

技術評論社

# はじめに

　AIやデジタルトランスフォーメーション（DX）、データサイエンスがバズワードとして盛り上がり、いまではすっかり普段使いされる言葉に落ち着きました。これは非常に重要なことだと考えています。AIやDXは一時のブームを超えて、私たちが今後も文化的な生活を持続的に営んだり、よりよい社会を目指して進歩するための不可欠なツールです。

　それを実現していくためには、AIやDX、データサイエンスを正しく理解し、使いこなす必要があります。人間の知性を代替できるAIは当面生まれません。人が得意な分野、AIが得意な分野を切り分け、互いに一番いいところを出し合えるようものごとをデザインする能力が求められています。

　DXとは決してデジタル機器を導入すれば完成するようなものではありません。仕事の進め方や生き方を、私たちが一番楽しく、幸せになるように再設計するのが本質です。デジタル機器やデジタルサービスがあることで、設計の幅や自由度が格段に拡がったことが嬉しいわけです。「機器を導入しておしまい。仕事の進め方や生き方は今まで通り」では意味がありません。

　データサイエンスは人や社会を知る強力な武器になりますが、一方で強すぎる武器には歯止めをかける力も必要です。データサイエンスを駆使して世界の隅々まで光を当てて理解する方法だけでなく、知られたくないと人々が考えるものについて自制する方法、自衛する方法も身につけなければなりません。

　本書はこうした、「新しい時代を生き抜く力」をバランスよく、過不足なく学べるように作られました。それぞれの学習項目は、内閣府、文部科学省、経済産業省が協力して制定した数理・データサイエンス・AI教育プログラム認定制度（リテラシーレベル）に沿っており、これから時代の中核を担う人が身につけるに相応しい内容になっています。

　AIに仕事を奪われる、データサイエンスに意思決定を先回りされる、といった懸念が示されていますが、本書で学んでいただいたみなさんは、技術に振り回される側ではなく、使いこなす側になって、創造的で楽しい人生を歩んでいってください。

2021年6月　著者

# 目 次

# 本書サポートサイトについて

　本書ではサポートサイトを用意し、サンプルファイルのダウンロードやソースリストへのリンクなどを提供しています。サポートサイトへのアクセスや、利用方法は下記のとおりです。

## ▶ サンプルファイルのダウンロード

　サポートサイトではサンプルファイルのダウンロードができます。次の手順でアクセスし、ダウンロードしてください。

| ❶ | ❷ | ❸ | ❹ | ❺ |
|---|---|---|---|---|
| 「https://gihyo.jp/book」にアクセス | 「本を探す」に「AIリテラシー」と入力して［検索］をクリック | 『はじめてのAIリテラシー』を見つけてクリック ※上のほうは広告になっています。 | 「本書のサポートページ」をクリック | 表示されたページの説明にしたがってダウンロード |

　なお、「https://gihyo.jp/book/2021/978-4-297-12038-2/support」にアクセスすれば、直接ダウンロードページを開けます。

**サンプルファイルの内容**

| フォルダ名 | ファイル名 | 使用ページ |
|---|---|---|
| 12講 | 4月販売情報.xlsx、5月販売情報.xlsx、顧客情報.xlsx、商品情報.xlsx | P.173 (12-3) |
| | クレンジング前.xlsx | P.180 (12-4) |
| 13講 | email.csv | P.202 (13-5) |
| 14講 | basket_data.csv | P.229 (14-7) |

## ▶ プログラムのソースリストについて

　本書の実習で作成するプログラムのソースリストは下記のURLにアクセスすることでも利用できます。また、本書のサポートサイトにもリンクがありますので、ご利用ください。

**第11講（リスト11-1〜11-6）**

https://colab.research.google.com/drive/1SeOAA-cHZFMVDy-FSURHPgiX9hb5x39_?usp=sharing

**第12講（リスト12-1〜12-14）**

https://colab.research.google.com/drive/1be-ZCSPdTfqzXNSOoZduJh_E3xy-PSM_?usp=sharing

**第13講（リスト13-1〜13-16）**

https://colab.research.google.com/drive/1TyI2t_3t4etHMrqBWGjgCtbuHoC2hQNo?usp=sharing

**第14講（リスト14-1〜14-10）**

https://colab.research.google.com/drive/1fxERkes-nswZOPMyOoiaBlXG_HAzQ-8u?usp=sharing

# 第1講

# AIリテラシーとは

# 1-1 | AIの定義

## AIとは

AIとは、Artificial Intelligenceの略語です。日本語に訳すときは、よく**人工知能**という言葉を使います。いまやAIという言葉を使わない日はないくらい生活の中に浸透してきていますが、実は気軽に使わない方がいい言葉かもしれません。

というのも、初期の研究者が考えていたAIは、本当に「人工の知能」すなわち人間のかわりになるようなものを指し、それを研究していたからです。人間のように筋道立てて考え、ひょっとしたら感情を持ったり理解したりできることも期待されてきました。

研究が始まった頃に比べると、コンピュータを専門家のように振る舞わせる技術はとても進歩しましたが、人のかわりができるようになったわけではありません。だから、研究者によってはいまだAIは実現しておらず、そんな言葉を使ってはいけないと言う人もいます。

| | |
|---|---|
| 1950年 | チューリング・テストの提唱 |
| 1956年 | ダートマス会議にて「人工知能」という言葉が登場 |
| 1958年 | ニューラルネットワークのパーセプトロン開発 |
| 1964年 | 人工対話システムELIZA開発 |
| 1972年 | 初のエキスパートシステムEMYCIN開発 |
| 1979年 | MYCINの知識表現と推論を一般化したEMYCIN会派初 |
| 1982～92年 | 第五世代コンピュータプロジェクト |
| 1984年 | 知識記述のサイクプロジェクト開始 |
| 1986年 | 誤差逆伝播法の発表 |
| 2006年 | ディープラーニングの提唱 |
| 2012年 | ディープラーニング技術を画像認識コンテストに適用 |

図1-1 AIの進化の歴史

## 強いAIと弱いAI

一方で、特定の用途に限っていえば、もう人間と同等だったり、人間を上回る能力を持つシステムも現れてきました。オセロや将棋、囲碁で人とシステムが勝負をして、システムの方が勝ってしまうことはもう普通のことになりました。だから、これをAIと呼んで差し支えないという人もいます。

どちらも一理ありますが、ややこしくなったり、混同したりするとよくありません。そこで、両方を区別する必要があるときには、人の代わりになるような、たとえば特定の分野だけでなくあらゆる分野で人と同じように活動して、感情すら理解できるようなAIのことを「**強いAI**」、そうではなくてオセロならオセロ、将棋なら将棋、自動運転なら**自動運転**[※1]だけをすることができるAIのことを「弱いAI」と読んで区別することがあります。

いま、報道で目にしたり、商品として触れる機会があるAIは、「**弱いAI**」ですが、テキストなどを読むときはどちらの意味で使われているのか、文脈に注意するようにしましょう。

一つ気をつけて欲しいのは、「弱いAI」ですらないただの**アプリ**[※2]を「AI」と言っている例があることです。

AIが流行り言葉（IT業界では**バズワード**といいます）になっているのを受けて、営業用の言葉として使っているわけですが、あまりいいことだとは思いません。「名前だけAI」の普通のアプリを見分けられるような力をつけていきましょう。

## 人間らしさとAI（チューリングテスト）

AIを作っていくための技術は、非常に進歩しました。たとえば、AIが十分に人間らしいかどうかを判定するための検査方法として、**チューリングテスト**があります。**チューリング**[※3]は人の名前です。アラン・チューリングという計算機業界で偉大な足跡を遺した偉人の名前から取られました。

このアラン・チューリングが考えたのが、検査をするAさんが、BさんともCさんとも会話（チャットを想像してください）するやり方です。BさんとCさんのうちどちらかは人間でどちらかはコンピュータです。十分な会話を経たのちに、BさんとCさんのどちらが人間か見分けがつかなければ、そのシステムは人間的です。

**用語解説** [※1]

**自動運転**

自動運転車とは、人間が運転操作を行わなくとも自動で走行できる自動車。「ロボットカー」「UGV」とも呼ばれています。

**用語解説** [※2]

**アプリ**

アプリケーションソフトウェアの略。応用ソフトウェアのことです。コンピュータ屋さんはソフト、通信屋さんはアプリと略す傾向があります。

**用語解説** [※3]

**チューリング**

ちょっと変わり者で、人工知能の父とも言われています。ITの世界にノーベル賞はないですが、彼の名前を冠したチューリング賞はIT分野のノーベル賞と言われています。

ずっと昔から繰り返されてきたテストですが、2014年にはついにロシアのシステムがチューリングテストに合格しました。人なのかシステムなのか、チャットの内容ではもう見分けがつかなくなったのです。

　でも、チューリングテストにパスしたシステムでも、最初に考えられていた人工知能（ここでは強いAIと呼びましょう）とはほど遠いものでした。人間のように理路整然と思考をしているわけではありませんし、まして人の感情を理解するなど思いもよりません。

## 中国語の部屋

　その様子は理解しにくいかもしれないので、**中国語の部屋**という有名な**思考実験**※4の話をしましょう。

　ある部屋の中に英語しか理解できない人に入ってもらいます。外界との接触はありません。部屋にはただ一つ、小さな穴が開いていて、外部とメモの交換ができます。

　その部屋に中国語を書いたメモを差し入れするのです。中の人は、英語しか理解できませんから、当然メモに何が書いてあるのかまったくわかりません。

　でも、部屋の中にはマニュアルがあるのです。たとえば、メモに「今天天氣怎様？」（今日の天気は？）と書いてあったら、「看你自己」（自分で見てこい）と返事を書け、などと完璧な指示が綴られています。

　すると、中の人は中国語の意味が全然わからなくても、返事を書くことができます。部屋の外でメモのやり取りをしている人から見れば、中の人は中国語が理解できているように感じるでしょう。

**用語解説** ※4

**思考実験**
実際には実験を行わず、頭の中で理想的な実験方法や条件を想像して、どうなるか考察したり、推論することをいいます。

図1-2 中国語の部屋

## チャットボット

これと同じことが、**チャットボット**などについても言えるわけです。**ボット**とはロボットの略で、自動的に何かをしてくれるソフトウェアの総称です。チャットボットはチャットの相手をしてくれる自動システムです。問い合わせへの返答や、会話アプリとして使ったことがある人も多いと思います。

だいぶ自然な会話ができるようになってきましたが、何かを理解して会話を組み立てているわけではありません。「この状況ではこう」、「その文脈ならこう」と膨大な会話の蓄積の中から最適と思われる言葉を並べているだけです。だから、ときには「幼稚園の子だって、そんな間違いはしないぞ」というとんちんかんな返事をしたりすることがあります。

だから、「チューリングテストになんて意味はないんだ」という人もいますし、「いやいや、人間だってたいして考えて会話しているわけじゃないから、錯覚できるならそれで十分」という考えの人もいます。

実際、そうなのです。眠いときや興味のないときに経験があるかもしれませんが、相手の言った言葉を繰り返しているだけで、会話がある程度成立してしまうこともあります。実際、私もろくに考えずに適当な会話をしていることがよくあります。すると、「それはチャットボットとどう違うのだ」という話になります。あまり違わないのかもしれません。実のところ、人間の知能についてだってよくわかっていないのですから。人間の頭の中だって、「中国語の部屋」みたいになっているのかもしれないのです。

## ELIZA効果

人間にはものに愛着を感じてしまう**ELIZA効果**もあります。みなさんもペットロボットやSiri、Google Home、Amazon Echoに人っぽさを感じてしまったことはないでしょうか。私たちは色々なものを「人みたいに」受け止めてしまう傾向があります。

だから、「AI」という言葉を大切に扱って欲しいのです。人々が昔から考えてきた「知能」のイメージはまだまだ実現していません。将来的にも無理だ、と考える立場の人もいます。一方で、「会話の相手ができればじゅうぶん」なら、もう人工知能は実現したと考えることもできます。様々な見方や考え方があると捉えてください。

# 1-2 なぜAIが必要とされているのか

## AIへの期待

　社会をもっとよくしたいからです。「よく」の意味は人によって違うと思います。もっとお金儲けをしたい人もいるでしょうし、楽をしたい人も、みんなを笑顔にしたい人もいるでしょう。でも、技術というのは「いまより何かをよくしたい」からこそ作られます。

　手書きで文字を書くのがしんどいからワープロが生まれ、暗算をすると間違えたり疲れたりするのでそろばんや計算機が考案されました。失った視力をなんとかしたいからメガネがありますし、速く走りたいから車や自転車があります。

　人より速く、正確に、辛い作業もやってくれるAIがあれば、いまの生活がすごくよくなる予感があるので、みんなAIに期待しているのです。

　もっとも、あまり期待が大きいと、失望も大きくなります。そのことは十分に覚えておきましょう。

## ハイプ曲線

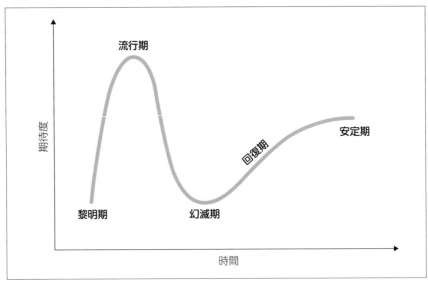

図1-3　ハイプ曲線

これは、**ハイプ曲線（ハイプサイクル）** の図です。何か新しい技術や考え方が出てきたときに、みんながどう捉えるのかを描いたものです。

- ・黎明期 　　出てきた瞬間で、注目が集まります。技術を出した側も、発表会などを開いてみんなの期待をあおります。
- ・流行期 　　一気に期待が高まっていきます。たくさんの人が集まってきたり、誇大広告が行われたりして、期待が実態を上回っていきます。
- ・幻滅期 　　高まりすぎた期待に製品やサービスが応えられず、みんながっかりする時期です。多くの人がその技術から離れていきます。
- ・回復期 　　少数の成功事例が少しずつ社会に根付いていく時期です。
- ・安定期 　　社会に普及して、その製品やサービスが当たり前になる時期です。

もちろん、幻滅を乗り越えられずに消えていってしまう技術もたくさんあります。AIはいまどのあたりにいるでしょうか。

## AIブーム

技術の普及はそうそううまくいくものではありません。パソコンが出始めのころから、「すぐに紙はなくなる」と言われていました。でも未だに紙の資料や紙のカタログ、チラシは街にあふれています。ハンコがないと提出を認めてもらえない書類もまだまだあります。

AIブームも、実はいまが3回目なのです。1回目、2回目は期待が高まりましたが、幻滅期を越えられずに退潮していきました。

**第一期AIブーム** は1960年代で、いまでいう**ニューラルネットワーク**[※5]の基礎が築かれるなど、新しい技術の発展に沸きました。すぐにでも、人を越える知能が生まれるとまで言われましたが、後で述べる**フレーム問題**[※6]などの壁にぶち当たってブームが去りました。人工の知能を作るのはとんでもなく大変そうだと、みんなが気づいたころです。

**第二期AIブーム** は1980年代で、**エキスパートシステム** が提唱されました。専門家の知識をデータベース化（ルールベース）していって、「この症状

**用語解説** ※5

**ニューラルネットワーク**

人間の脳を真似たシステムモデルのことです。

**参照** ※6

**フレーム問題**

（P.21参照）

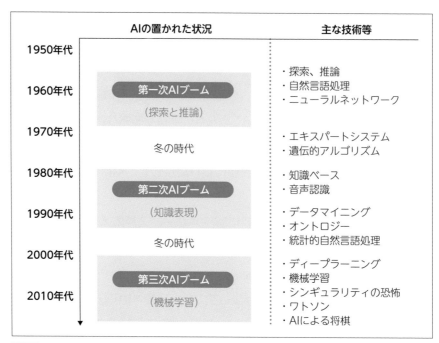

第一期、第二期、第三期AIブーム

が出たら、この病気」などとお医者さんのように振るまったり、「この局面で株を買うと大もうけできる」とトレーダーとして使えるシステムなどが考案されました。「人間を完全に置き換える」ようなものを夢想しないぶん、みんな冷静になったのだと思います。目標が「○○の専門家」に小さくなっていますから。

　でも、それでも第二期にも幻滅期が訪れました。専門家のかわりができるくらいの知識をシステムに覚え込ませるのは、本当に大変なのです。たとえば将棋で、「飛車と桂馬だったら、明らかに飛車のほうが価値が高い」、「でも、いまは桂馬があると相手の王様が詰むので、桂馬の価値が無限大だ」などといちいちやっていく面倒さを考えてみてください。すぐに何億通りものルールになってしまいます。

　いまの**第三期AIブーム**は、基本的にはこの流れを受け継いでいます。いま、AIと言われているものは、自動運転の専門システムだったり、チェスの専門システムだったり、○○の専門家という意味ではエキスパートシステムそのものです。

　エキスパートシステムはルールを覚えさせるのが大変で失速しましたが、**機械学習**[※7]による学習の自動化や、機械学習を多層のニューラルネットワ

**用語解説** ※7

**機械学習**

コンピュータに大量のデータを学習させる計算の手法のことです。教師あり学習や教師なし学習などがあります。

ークに適用した**深層学習（ディープラーニング）**[8]によって、楽にしたのです。これでAIづくりに必要な労力が劇的に改善したわけです。

　社会のすみずみにまで「AI的な」サービスが浸透し、使われ始めているのは皆さんご存じの通りです。

　ただ、いまブームの渦中にある「AI」が万能ではないことは、十分に理解しておいてください。フレーム問題などの難点は未だ解決できていません。

**フレーム問題**[9]とは、起こりうる問題すべてに対処できないことを指す用語です。たとえば、「お使いにいって豆腐を買ってきて」は比較的簡単なタスクに思えます。状況によっては未就学児でも実現できるでしょう。AIとロボットの組み合わせでもなんとかなりそうです。

　しかし、現実にこのロボットを使うには、車を避けられるか、雨が降ってきたらどうするか、通りすがりの人に抱きつかれたら？ 突然隕石が降ってきたら？ など無数の事象に対応しなければなりません。この「無数の事象への対応」を現実的な時間内に解くことは、いまのAIにはまだできないのです。

　もちろん、こうした事象のほとんどとは、まず遭遇することがありません。私たちも意識していません。そこが人間の優れているところで、ほとんど起こりそうもないことは意識から除外して行動することができます。

　AIにもそれを試みさせようとしていますが、何が重要で何が重要でないかの判断はとても難しいのです。将棋AIでも、「よさそうな手」の先だけを選択して読むのが難しく、結局はルール上指すことができる全ての手を読んでいるAIが多いです。

　人間の棋士は手を読む速度はAIに敵いませんが、「よさそうな手」だけを選んで考える能力は圧倒的です。

　将棋であれば、ありそうな手を手当たり次第に読むことはまだ現実味がありますが、現実世界のおつかいなどでは困難です。いくらでも起こりうる例外的な事象に際して、どう回避するのか、あるいは目的を再設定した方がいいのかは、単におつかいのことだけ考えればよいわけではなく、（事故にあいそうだったら）命の価値なども含めた判断になるからです。

　これをまったく無視してしまえば、おつかいのためには人命を軽視するような危険なシステムさえ出来上がりかねません。「特定の範囲（フレーム）を越えた事態に対処すること」は、現時点ではAIには荷が重いと言えます。

**用語解説** [8]

**深層学習（ディープラーニング）**

機械学習の手法のひとつです。ディープラーニングともいいます。

**用語解説** [9]

**フレーム問題**

推論によるルールを進めるときに、枠組み（フレーム）をどのように表現するかを考える人工知能の課題をいいます。

# 1-3 | この本ではどこまで学ぶか

## AIのしくみや原理

本書はAIの専門家を育てるための本ではありません。これから否応なくAIに触れる機会が増えるので、どのように付き合っていけばいいのか、何に気をつけてどう活用するのか、そもそもどういう理屈で動いているのかを学んでいきます。

AIをはじめとする多くの情報システムはブラックボックスになっていて、中身のことがよくわかりません。スマホなどもそうです。そのほうが気軽に使えるから、善意でそう作られているのですが、そうはいっても身の回りを取り囲んでいる機器を動かす原理を知らないのはこわいことです。AIのなかみに踏み込んでいきましょう。

**表1-1** この本で学ぶ範囲

| 1. 社会におけるデータ・AI利活用 | |
|---|---|
| 1-1. 社会で起きている変化 | 1-2. 社会で活用されているデータ |
| 1-3. データ・AIの活用領域 | 1-4. データ・AI利活用のための技術 |
| 1-5. データ・AIの活用の現場 | 1-6. データ・AI利活用の最新動向 |
| **2. データリテラシー** | |
| 2-1. データを読む | 2-2. データを説明する |
| 2-3. データを扱う | |

また、AIを活用するためには、**データサイエンス**や**統計**の知識が不可欠です。データを読み解く手法や、取り扱う方法、についても学びます。

## AIの限界や注意点

AIの限界や注意点を理解しておくことも重要です。一般論として、利点ばかりの技術はありません。何かいいことがあれば、悪いこともあります。技術や製品が出てくるときは、いいことばかりが強調されますが、短所にも

目を向けることを忘れないでください。

コンピュータが登場したころ、「これからは、つらい単純作業はみんなコンピュータがやってくれる。人間は知的で創造的な楽しい仕事に集中できるぞ」と言われました。確かにだいぶ色々な仕事を肩代わりしてくれるようになりましたが、こんどは「コンピュータに仕事を奪われる」と言われ始めました。最近も言われていますが、AIが最初ではないのです。**ラッダイト運動**[10]を思い出してみてください。人間はいつも機械に仕事を取られる心配をしています。

コンピュータが単純作業をしてくれるようになって、みんながみんな創造的な仕事に移行できればよかったのですが、全員が創造的な能力を持っているわけではありませんし、創造性が必要な仕事もそんなに多くありませんでした。そこで、奪われる心配の方が大きくなってしまったわけです。そうこうしているうちに、知的な仕事にもAIが進出してきて、さらにみんなが焦りを覚える状況になっています。

## AIの発展と人間の自由

AIが人間より何かをうまくやってくれるのであれば、基本的には任せてしまってよいのだと思います。たとえば、自動運転が人間のドライバーより上手になれば、事故で怪我をする人をずっと減らせるかもしれません。それはすごくいいことです。

でも、いっぽうで人間には、間違える自由もあると思うのです。自分で決めて、自分で間違って、学びを得たり責任を取ったりする自由です。人が人として生きるために、すごく大事なことだと思います。

AIが発展すると、それは贅沢なことになるかもしれません。「ぼくには運転する自由がある」と主張しても、「それで誰かを怪我させたらどうするんだ」と言われたら、なかなか反論できないです。

運転ならまだいいのですが、就職や結婚も「間違えると **社会的コスト**[11] がかかるから」と、AIに決められたらどうでしょう。相性の悪い会社や結婚相手にがっかりしたり後悔したりすることは減らせるかもしれませんが、自分の人生を生きている実感は得にくいかもしれません。

そのような社会が訪れたときにどうするのか、そもそもそういう社会にしてしまっていいのかを考えられる力を身につけていってください。

**数理・データサイエンス・AI 教育プログラム認定制度について**

STEMやELSIなど、いまを生き抜く力として新しい学びが必要ですと、よく耳にするようになりました。それを一歩進め、これからの時代に必ず必要になる知識や技能をまとめて習得できる教育パッケージを提供している学校を政府が認定するのが、「数理・データサイエンス・AI教育プログラム認定制度」です。

大学、短大、高等専門学校に正規の課程としておかれるので、ふだんの学習のなかで無理なく自分の能力と価値を高めてゆけます。「数理」や「AI」が出てくるのでちょっと怖じ気づく人もいるかもしれませんが、文系・理系を問わずすべての大学生や高専生が履修可能な内容になっています。

一定の条件を満たした学校には、「認定教育プログラム」、より高度な条件を満たした学校には「認定教育プログラム プラス」の称号が与えられますので、ご自分が所属している学校にそうした制度があるか、調べてみるのもよいでしょう。

実はこの本は、認定制度のモデルカリキュラム（リテラシーレベル）に沿って書かれています。学校で受講されている方も、独学で学んでいる方も、この認定制度で定められた水準の力量に到達することができますので、安心して読み通してみてください。

リテラシーレベルだけでなく、もっとレベルの高い「応用基礎」のプログラムも整備されています。この本で自信をつけたら、ぜひ「応用基礎」にもチャレンジしてみてください。

# 第2講

# 社会でどのような変化が起きているか

# 2-1 ビッグデータ、IoT、5Gなどの登場

## ビッグデータとは

いまの社会で起きていることはデータ量の飛躍的な増大です。ただ、一つ覚えておいて欲しいのは、データ量は常に増え続けてきたということです。人が言葉を操れるようになったときも使えるデータ量はそれまでよりとんでもなく大きくなりましたし、文字を書けるようになったとき、それを印刷できるようになったときと、いずれもデータ量は爆発的に増えました。

近年では、ハードディスクが開発されたり、それが高度化したりするたびに、「これだけ記憶容量があれば、もうどんなものでも保存できる」と言われました。でも、容量があれば私たちはあるだけ使い切ってきました。それまで文字データしか扱わなかったコンピュータに静止画や動画、音声を保存するようになりましたし、いまではあまり見る気のないテレビ番組まで全部録画しておいて、後から思いついたときに見ることができるしくみまで作られています。よく、データがたくさん発生することを「**データ爆発**[※1]」と表現しますが、データ爆発は常に起こり続けてきたと言えます。

それでもなお、21世紀に入ってからデータの扱い方が劇的に変わったといわれており、「**ビッグデータ**」などの言葉が使われています。

## ビッグデータの定義

ビッグデータの正確な定義は、研究者によって意見がわかれています。一般的によく言及されるのは、次の3点を満たすものです。

・大量のデータ
・リアルタイムな発生
・多種多様なデータ

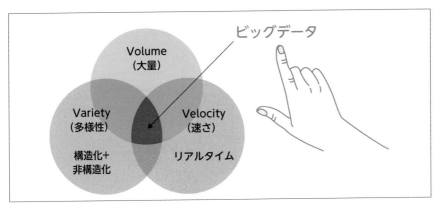

**図2-1** ビッグデータの定義

　**大量**という点は、イメージしやすいと思います。**リアルタイムな発生**はどうでしょうか。もともとデータというのは、とても貴重なものでした（いまでももちろんそうですが）。したがって、どんな目的に使うのか熟慮した上で重複や矛盾が生じないようなデータの取得の仕方、保存の仕方を考え、取得した後にもよくチェックして活用しました。

　少なくとも、いま起こっていることをすぐに知るようなシステムやデータは一般的ではなかったのです。

　でも、情報技術やデータの取得技法が向上し、素早く安価にデータが取れるようになりました。データを保存しておくためのストレージ機器も、高速で安価になりました。データはすぐに使えるものになったのです。

　それにともなって、必要かどうかわからないけれども、とりあえずデータを取っておくことや、ある目的で取ったデータを別の目的に転用することが簡単に行えるようになりました。たとえば、防犯用にとっておいた監視カメラの映像を、人の動線の研究に使う例などが典型的です。こうした背景があって、私たちが取り扱えるデータは極めて**多様**になりました。

　データの種類という意味でもそうですし、データを測定する機器の意味でもそうです。文字だけだったデータは、映像や音声も含むようになり、それらを相互に変換する技術（音声を文字起こしするなど）も発展しました。データを測定する機器も、研究室に置いてあるような大型の測定器ばかりでなく、軽くて薄くて安価なものが街中に溢れるようになりました。スマホには温度センサー、位置情報センサー、ジャイロセンサー、音声センサー、画像センサーが満載され、店舗に行けば**RFID**[※2]（電子タグ）が商品に貼られ、商品の管理にも万引きの防止にも使われています。

**用語解説** ［※2］

**RFID（電子タグ）**
商品の識別や管理などに利用するICから情報を無線で読み取る技術をRFIDといいます。Suicaなどの電子マネーや図書館などでも用いられています。

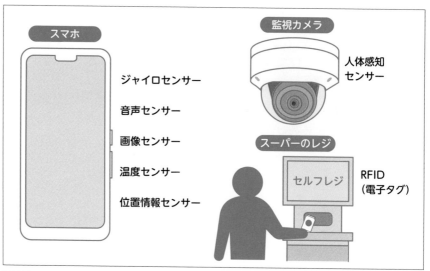

図2-2 多様なセンサー類

　3つの定義の中には明記されていませんが、ビッグデータという言葉の中には、「みんなが使える」、「必ずしもかっちりしたものでなくていい(非構造化データ)」という雰囲気が含まれていることがあります。

## オープンデータの活動

　データは大変貴重で、取得にも保存にも手間とお金がかかるので、取ったデータは秘密にしてビジネスに役立てたり、会社の競争力向上に役立てるのが常でした。しかし、近年ではこれらの貴重なデータを広く公開してみんなに使ってもらう**オープンデータ**の活動が拡大しています。

　大事なデータを公開するのはもったいないようですが、データを死蔵せずに多くの人に使ってもらうことで価値を高め、会社の評判を上げたり、誰かがデータを使うことで社会が活性化し、それが巡り巡って自分の会社の利益になることを狙っています。

　もっとも、オープンデータの試みはまだ始まったばかりです。まだデータを公開することに二の足を踏む企業も多く、また単に公開すればいいと考えている組織もたくさんあります。データを活用してもらうためには、情報システムが読みやすい形で公開しなければなりませんが、たとえば人の目で見て美しいかどうかを重視して、機械には読み取りにくい形式で公開されているデータがたくさんあります。

　データがかっちりしていなくていいとは、どういうことでしょうか。従

来のデータベースの考え方では、データの一意性はとても大事でした。重複したデータがあると、データの更新が生じたときに、片方だけ更新し忘れたりするからです。

　そのため、データの扱いには慎重さが必要で、データベースの設計と運用には熟練を要しました。もちろん、いまだってデータの扱いはとても重要ですが、ビッグデータではもう少しカジュアルに扱われるケースが増えています。

　データに重複があったりすることがよくないのは同じですが、それらを少し許容することで速く、安く、たくさんデータを生み、保存し、活用することができるので、そのほうがメリットが大きいという考え方です。

## IoTとビッグデータ

　ビッグデータと密接にかかわりながら社会に根付いてきたのが、**IoT**です。IoTはInternet of Things、日本語ではよく「**モノのインターネット**」と紹介されます。インターネットなんて、もとからモノとモノ（コンピュータとコンピュータ）をつないでいるじゃないか、と思うかもしれませんが、少なくともいままでのインターネットはコンピュータの背後に人間がいることを想定していました。

　**WWW**[※3]であれば、Webサーバから送られてくるWebページのデータは私たちのWebクライアント（ブラウザ）に届きますが、その背後にはWebページを見ようとしている利用者がいるわけです。

　これがIoTになると、サーバとセンサーのように、**人間を介さない接続**が一般化します。人間のオペレータが寝ている間も、センサーは黙々とサーバに情報を蓄積し続けるわけです。さらに、当初は想定していなかったセンサーからも、サーバは情報を受け取るようになるかもしれません。

　従来は、「このセンサーから情報を取得する」とあらかじめ決めておき、それ以外からの情報は得られなかったのですが、IoT時代には「こういう情報をこのくらいの品質で、こんなデータ形式で公開しているセンサーがあればそこから情報を得てくる」といった「**条件**」を決める形になるでしょう。条件に合致するセンサーをサーバが勝手に見つけて、勝手にデータを取得してくるイメージです。人手を介する部分が確実に減っていることがわかると思います。

**用語解説**　※3

**WWW**
**（World Wide Web）**
World Wide Webの略です。世界中のコンピュータに保存された情報に、ブラウザを利用してアクセスすることができます。このしくみは1989年ヨーロッパ合同原子核研究機関（CERN）のティム・バーナード・リー研究員が考案しました。

## 5GはIoTを促進

　さらにここに**5G（第5世代移動通信システム）**が加わります。5Gの特徴は高速大容量、低遅延、多端末接続です。このうち、多端末接続はIoTを促進することに目標があると言われています。いままで移動通信システムはスマホとガラケーのためのものでしたが、それだけではなくて、IoTで使われるセンサーを結ぶネットワークとしても使われるということです。

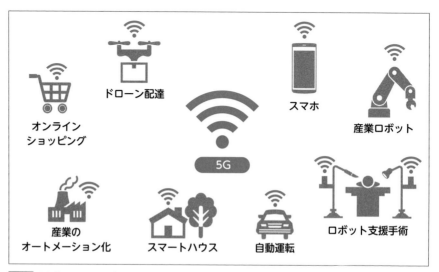

図2-3 5GとIoTのかかわり

　5Gには速度も遅くて、通信遅延も大きくていいから、大量のセンサー類を安く、バッテリーを節約して使うモードが設定されています[※4]。

　これによって、いま以上に大量のセンサーを地球上にばらまくことできます。センサーを設置してデータを取得するとき、問題になるのはその取得方法です。Wi-Fiで接続できる距離は短いですし、有線ケーブルだと屋外に設置する障害になります。5G回線によって、いままでは難しかった山地や公海にもセンサーを置くことが容易になるでしょう。

　気象予測がもっと正確になるかもしれませんし、農地に高密度なセンサー群を配置して、農業を自動化するような構想も練られています。

　あらゆる場所に多様なセンサーを設置して、わたしたちの社会や環境をより深く知ろうとする試みのことを**トリリオンセンサー**といいます。トリリオンは1兆のことで、年間1兆個のセンサーを設置していこうとするものです。ビッグデータはさらに大きくなろうとしています。

# 2-2 | 第4次産業革命、Society5.0

## 進化するテクノロジーと社会

　ビッグデータやIoT、5Gは技術の用語でしたが、これらを駆使することで私たちの社会がどう変わっていくのかを表す言葉に、**第4次産業革命**や**Society5.0**があります。社会と技術は互いを刺激しあう関係にあります。たとえば、情報技術が洗練されたことと、音楽のライブ化、握手会の隆盛などとは関係があります。

　無償に近いコストでほぼ劣化のないコピーを作ることができるようになり、楽曲の売上は減少しました。違法コピーをなくすことはもちろん必要ですが、なかなか根絶できるものではないので、アーティストたちはライブや握手に力点を置くようになりました。これらの「体験」をコピーするのはまだ難しく、オリジナルであれば人はお金を払ってくれるからです。「体験」をコピーする技術として**VR**がありますが、まだ「VRで握手したから、本物とは握手しなくていい」ほどにはなっていません。

　これはほんの一例で、技術が進化すると社会は変わりますし、その逆も言えます。第4次産業革命はそれをまるっと言い表した言葉です。

## 第4次産業革命のテクノロジー

　**第1次産業革命**が蒸気機関、工場制機械工業、**第2次産業革命**が電話や電気、印刷機、内燃機関、**第3次産業革命**がコンピュータやOA、FAに象徴されるとしたら、**第4次産業革命**の象徴はAI、ロボット、ナノテクノロジー、バイオテクノロジーなどです。

　古くは機械工学やシステム工学を融合させた**サイバネティクス**[※5]という言葉がありました（機械と人間を合成するサイボーグはここからきています）。サイバーといえば、いまは仮想空間やインターネットを表す語になっていますが、仮想と現実のオーバーラップも、第4次産業革命の重要なテーマになるでしょう。私たちはすでに、車のフロントガラスなどで、現実の風景に速度表示や注意表示が重なって見える表現などに慣れています。仮想空

---

**用語解説** [※5]

**サイバネティクス（cybernetics）**

アメリカの数学者ウィーナーが提起した理論です。動物の生態系や神経系と機械の通信や制御を統一されるものとして、ひとつの体系にまとめました。

間で稼いだお金やアイテムを、現実の貨幣に換金できるケースも増えました。仮想と現実は互いに徐々に侵食しつつあると言えます。

　第4次産業革命では、単純作業のような仕事はもはやAIに取って代わられるようになるとか、反対に高度なICTやAIを駆使する分野ではたいへんな人手不足が起こるなどと言われています。この新しい社会に対応するために、いままさに私たちはAIやデータサイエンスのリテラシーを学んでいるわけです。

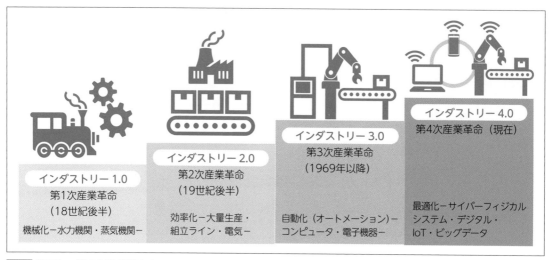

図2-4　第1次〜第4次産業革命と、Society1.0〜5.0

## 新しい社会Society5.0

**ワンポイント** ※6
このようなシステムは、サイバーフィジカルシステムと呼ばれます。

　Society5.0は、日本が世界に先んじて示した新しい社会のありようで、**仮想空間**と**現実空間**（**サイバー空間**と**フィジカル空間**）の融合※6がキーワードです。多くの点で第4次産業革命と重なる考え方ですが、第4次産業革命がまさに産業に軸足を置いているのに対して、Society5.0はそこで生まれた技術をもとに社会のありかたを変えることを主眼としています。

　**Society1.0**が**狩猟社会**、**Society2.0**が**農耕社会**、**Society3.0**が**工業社会**、**Society4.0**を**情報社会**として、その次に来る社会のイメージです。多分に理念的なものなので実態をともなうのはまだこれからですが、もしキャプションをつけるとしたら**サイバー社会**でしょうか。生活の中にAIやロボット、センサー、ウエアラブルデバイスなどが無理なく溶け込んで協働している社会です。

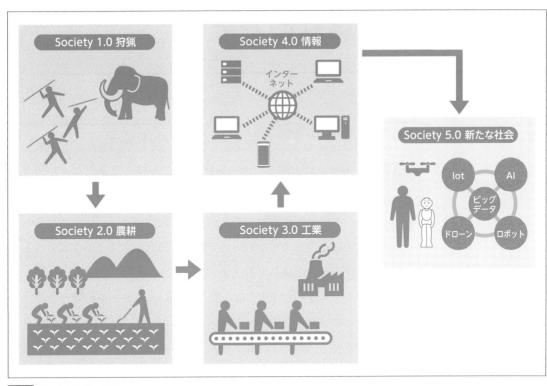

図2-5　Society1.0〜5.0

図2-6　Society5.0

# 2-3 データ駆動型社会

## データ革命による他分野への応用

　仮想空間と現実空間が結びつき、IoTや5Gで多種多様なデータが取れるようになると、データとそこから導かれる知見が大きな価値を持つようになります。昔からデータには**価値**がありました。朝焼けは雨、夕焼けは晴れといったことわざは、多くの人が集めたデータと知恵で未来予測をしようとした、**人力ビッグデータ**の試みと言えます。

　しかし、第4次産業革命やSociety5.0で用いられるデータの量と種類、それを処理する速度は、この頃とは隔世の感があります。天気予報の精度はとても向上しましたし、たとえばスポーツなど、他分野への応用も盛んです。

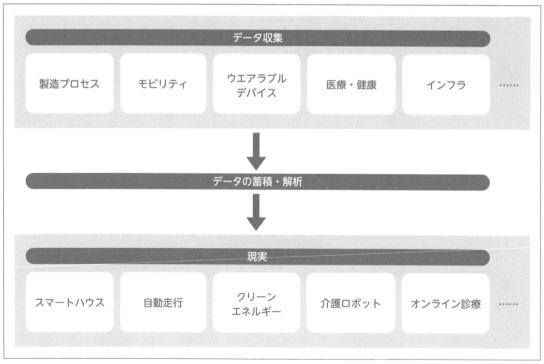

図2-7 サイバーフィジカルシステムによるデータ駆動型社会

## データ駆動型社会とは

　私が子どものころは、野球がへただったらとにかくゴロを転がせと教わりました。でも、データをきちんと取ってみると、フライを打ち上げた方が出塁や打点につながることがわかってきました。それまで常識だと考えられてきたことが、データの裏付けによって、そうでもないことが明らかになってきたのです。

　ものごとの予測精度も上がりました。選挙の予測システムは当選者をかなり正確に言い当てるようになりましたし、自動車レースのF1では事前予測があまりに正しいので、レースを見るのがつまらなくなったと言われるほどです。

　データの価値が増大し、データによって世の中が動く様子を、**データ駆動型社会**といいます。自動車のセンサーは高度化し、車が壊れる前に予防修理を促されたり、**ウエアラブルデバイス**[7]で体のバイタルサインを常に取ることで、病気の予兆を捉えようとするしくみなどもかなり普及しました。チケットの抽選では、誰は落としてもまた参加してくれるか、誰を落選させるともう見に来る気がなくなってしまうのか、などといったことも調査されています。

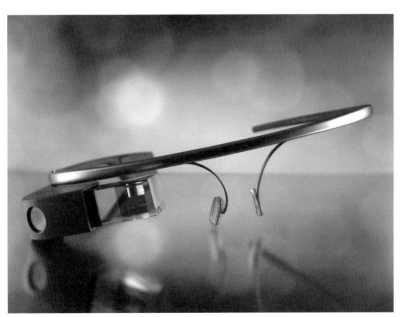

図2-8　ウエアラブルコンピュータの例：GoogleGlass　　　©Dan Leveille

**用語解説** ※7

**ウエアラブルデバイス**

身につけて操作できる小型のコンピュータのことをいいます。腕時計タイプ、メガネタイプなどがあります。

高齢化社会にともなって、つぎのトイレのタイミングを教えてくれるセンサーや、飲み忘れがないように胃で溶けるときに電気信号を出す薬などが研究されています。地震のゆれが自分のところへ来る前に警報を発するシステムなどは一種の未来予測ですが、経験された方も多いのではないでしょうか。

スポーツで思いもよらない戦い方を発見したり、実際に揺れる前に地震が来ることがわかったりすれば、それでゲームに勝ったり、命を救ったりすることができるかもしれません。データに大きな価値があると言われるのはそのためです。何か話をすると、「その話にエビデンス（証拠になるデータ）はあるのか」と言われたり、私たちがデータサイエンスを学んだりする理由はそこにあります。

## データの扱い方が重要

もちろん、データはただ存在しているだけではダメで、正しい形で取得し、保存し、使えるようにしておく必要があります。使うに際しても、細心の注意で取り扱わないと、真実ではない間違った知見を導き出してしまいます。

有名な話ですが、空気の澄んだところで結核の死亡者が多かった記録があります。綺麗な空気は結核に悪いのでしょうか？　もちろん違います。結核の治療に必要な綺麗な空気を求めて、そこに**サナトリウム**[※8]を作るので、結果的に清涼な空気のある場所に結核の患者さんが集まり、そこで亡くなるのです。雑にデータを扱ってしまうと、とんでもない思い違いをしてしまうかもしれません。

一方で、扱い方をきちんと身に付ければ、これほど頼りになるものもありません。講義を通して、データとの向き合い方を学んでいきましょう。

# 第3講

# 社会でどのようなデータが活用されているか

# 3-1 | 人の動線をめぐるデータ

## 注目される私的データ

　何かが起これば、必ず**データ**が発生します。風が吹くことだってデータですし、転ぶことだってデータです。しかし、これまではデータは発生しても、そこで揮発するものでした。転んだことは自分だけしか知りません。とても私的なことで、あえて誰かに話さない限り、伝えられも、残りもしませんでした。

　でも、いまはそのデータが監視カメラに捉えられているかもしれません。車のドライブレコーダーが撮影している可能性も考えられます。そして、監視カメラやドライブレコーダーはしばらくその画像を保存していることでしょう。いまの記憶装置の容量と価格を考慮すれば、ずっと取っておくケースも考えられます。

　場合によっては、それが公開されることもあります。みんなが安心できるように、常に監視カメラの画像が公開されているとか、ドライブレコーダーの画像を趣味でYouTubeにアップするようなケースです。車が事故を起こして、画像が裁判に証拠品として提出されるかもしれません。

　宇宙が開闢してから、データはずっと発生し続けてきました。でも、いまほどデータが記録され、公開されている時代は初めてです。天文学者は宇宙が生まれたころのデータの名残りを探すために、莫大なお金をかけて宇宙マイクロ波背景放射などを集めます。

　でも、私たちは誰かが撮った写真や、どこかのセンサーが計測した数値を、リアルタイムで、時には無料でいつも活用しています。

　たくさんのデータが収集され、公開されると、それを応用した様々なサービスや製品が登場するようになりました。中には、公開した人が思いもよらなかったような面白い使い方や、役に立つ使い方がなされた事例もあります。特に注目されているのは、**人の行動のデータ**です。

## カーナビの例

図3-1 Hondaのカーナビゲーションシステム「インターナビ」による「通行実績情報マップ」
出典：Hondaのニュースリリース
https://honda.co.jp/news/2011/4111109.html

　これは、東日本大震災のときのデータです。現在、多くの車にカーナビが搭載されています。カーナビは当初、現在位置と目的地までのルートを調べるものでしたが、それらのデータが集積されることによって、いまどの道が混んでいるか、目的地までに何分かかりそうかを導く、**総合情報システム**へと進化しました。

　そのカーナビのデータを、災害時に自動車メーカーが公開したのです。東日本大震災では、その災害の規模と深刻さがあいまって、被害の全体像がなかなかつかめませんでした。地図上で道が存在していても、そこが本当に通れるかどうかわからず、避難に使えるかを判断できません。支援物資を送り出しても、交通事情を悪化させて、かえって被災地を混乱させたケースもあります。

　カーナビで得られた車の移動情報を公開することで、関係各機関はどの道が生きているのか、どこが混雑でボトルネックになっているのか、どのルートから人を逃がし、支援物資を搬入すればいいのかを知ることができました。カーナビが登場したときに、災害時の**ロジスティクス**[※1]に役立てようとは考えられていませんでした。大量かつ正確なデータがあると、他の分野や使い方にも転用して大きな価値を得ることがあるという、よい例です。

用語解説　※1

**ロジスティクス**

企業が物流を効率的に管理するシステムをいいます。情報システムと密接に連動し、合理的な物の移動を実現します。

## 監視カメラの例

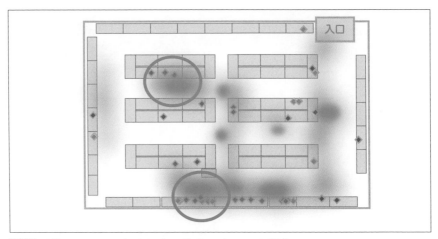

図3-2 動線ヒートマップの例。色の強弱でデータを可視化

用語解説　※2

**監視カメラ**

主に防犯や防災に利用される監視用のカメラです。街頭や店舗、住宅や銀行などさまざまなところに設置されています。

　こちらは、コンビニの**監視カメラ**※2のデータを応用した例です。監視カメラはもちろん、安全管理のために設置されています。どろぼうや強盗、万引きの抑止力となり、もしも犯罪が行われたときには、捜査や法廷での証拠として利用することを企図しています。

　しかし、これを使ってお客さんが店内をどう回遊しているのか、何に目を留め、どこに長い時間留まり、どんなものだとスルーしてしまうのかの分析に使う企業が現れました。

　「商品にかかわらず、この棚に置かれたものはよく買うのだ」といった知見が出てくれば、店にとってありがたい、利益率の高い商品をそこに並べておけば、もっと儲けられるかもしれません。お客さんが滞留してしまって迷惑だったりオペレーションの邪魔になる場所があれば、そこを巡回する店員を増やせば、お客さんの流れがスムーズになるかもしれません。

　もっと進んで、レジの店員さんを廃して、監視カメラの画像で何を購入したか判断し、その分のお金をキャッシュレス決済で精算してもらうシステムなども運用されています。

　もちろん、高度なものを作ろうとすれば監視カメラだけではダメで、温度センサーなどの別の情報収集機器と組み合わせる必要がありますが、最初は防犯のために始まったカメラの設置が、**商品の販売促進**や**企業の競争戦略**の強化にまで活用されるようになった事例です。

## 3-2 | 多くの機器のログと オープンデータ

### SNSのデータ分析

　人の行動情報を分析、活用するのは、現実世界だけとは限りません。SNS[※3]では誰と誰が仲がいいのか、どの人の発言を好ましいと感じ、どういう話題だと嫌な気持ちになるのかなどが詳細にデータ化されています。

　それを分析することで、「この人とつながってはいかがですか」、「こういう発言をタイムラインからなくしますか？」といった提案がなされます。利用者がより快適にSNSを利用できるようになるわけです。

　当然、SNSの企業はボランティアではありませんから、SNSを快適な、心地よい空間にすることで、長くいてもらうことを望んでいます。長くSNSに触れてくれれば、たくさん広告を見てもらえ、それがSNS運営企業の利益になるからです。

　こうしたデータの活用は、基本的にはよいことだと考えられています。データを分析することで、新しいビジネスやサービスなどの価値を生み出して、国や企業の競争力を上げていけるからです。

### オープンデータの活用

　自社だけでなく、他の企業や個人、行政機関にもデータを使ってもらおうとする**オープンデータ**も、多くの企業や行政機関が導入を始めています。

　オープンデータは、人間が活用する場合もありますが、機械が自動的に取り込んで使うことを念頭に作られる点に特徴があります。IoTなどとも関連する話です。

　たとえば、人間にとって読みやすい、綺麗につくられた**PowerPoint**[※4]のファイルが公開されていたとして、それを機械が自動判別して重要なデータを抜き出すのは困難です。そこで人が手を加えて、「このデータをこっちに……」などと切り貼りするのでは効率がよくありません。

　そのためオープンデータは、**CSV**（**Comma Separated Values**：カンマで区切られたテキストデータ）などの形式で公開されます。たとえば、「0001,

**用語解説** ※3

**SNS**

Social Networking Service（ソーシャルネットワーキングサービス）の頭文字です。インターネットを利用して、個人間のコミュニケーションの場を提供する会員制サービスが特徴です。有名なサービスにFacebook、LINEがあります。

**用語解説** ※4

**PowerPoint**

マイクロソフト社製のプレゼンテーションを作成するためのアプリケーションです。

東京,B型,プラチナトロフィー」といった形です。

　人間の目で見ると無味乾燥ですが、機械にとっては読み取りやすく、活用しやすい形式なのです。

　ただし、データの活用はよいことばかりではありません。昔からデータを集め、分析できる人は、他の人に対してビジネスなどで有利に事を運べました。しかし、ビッグデータ時代の情報量は桁違いですし、情報機器は一度記録した情報を忘れもしません。

　そのため、優秀な分析システムと組み合わせると、あまりにもあからさまにその人のことがわかってしまったり、場合によっては人の行動を誘導できるようにもなります。たとえば、大震災のときに少しでも道を効率的に使うために、迂回ルートを表示するのはとても役に立ちました。でも、日常生活で、「この人は太っているから、ちょっと歩かせたほうがいいな」と判断されて、わざと遠回りの道を推奨されたらどうでしょうか。

　それが健康のためだとしても、あまりいい気分ではないと思います。余命が正確にわかるのも、「知りたくなかった」という人がいるでしょう。SNSで居心地のいい空間を演出しすぎると、まるで世界には自分と同じ意見の人しかいないように錯覚して、自分の意見がどんどん極端になり、意見の合わない人を排除する**サイバーカスケード**[※5]なども起こるようになります。第7講や第8講でも学びますが、役に立ち、効果があるからこそ、データの取り扱いは慎重にしなければなりません。

## ログによるアクセスデータ

　いまや、多くの機器は、**ログ**（**動作記録**）を取得しています。自宅をインターネットへと結ぶための**家庭用ルータ**などでも、アクセスの記録が残されたりしています。もしも、悪意のある人に不正アクセスなどを試みられたら、このログから犯人を割り出すこともできるかもしれません。

| 日付時刻 | 種類 | ログ内容 |
|---|---|---|
| 2020/08/11 10:50:15 | AUTH | Admin login from source 192.168.0.2 |
| 2020/08/11 10:48:43 | DHCPC | LEASETIME(1800), RENEWALTIME(), REBINDTIME() |
| 2020/08/11 10:48:43 | DHCPC | DHCPSNAME = |
| 2020/08/11 10:48:43 | DHCPC | DHCPCHADDR = 60:84:BD:81:95:48 |
| 2020/08/11 10:48:43 | DHCPC | DHCPSIADDR = |
| 2020/08/11 10:48:43 | DHCPC | DHCPGIADDR = |
| 2020/08/11 10:48:43 | DHCPC | DHCPSID = 10.70.0.254 |
| 2020/08/11 10:48:43 | DHCPC | DNS 2 = 133.91.136.11 |
| 2020/08/11 10:48:42 | DHCPC | DNS 1 = 133.91.254.11 |
| 2020/08/11 10:48:42 | DHCPS | dhcp leases is setting to 64 |
| 2020/08/11 10:48:42 | DHCPS | udhcpd (v1.19.4) started |
| 2020/08/11 10:48:39 | DHCPC | Domain Name = |
| 2020/08/11 10:48:39 | DHCPC | Default Gateway = 10.70.12.254 |
| 2020/08/11 10:48:39 | DHCPC | Subnet Mask = 255.255.255.0 |
| 2020/08/11 10:48:39 | DHCPC | IP Address = 10.70.12.13 |
| 2020/08/11 10:48:37 | DHCPC | DHCP_ACK received from (10.70.0.254) |
| 2020/08/11 10:48:37 | DHCPC | Renew : sending DHCP_REQUEST for 10.70.12.13 to 10.70.0.254 |
| 2020/08/11 10:33:35 | DHCPC | LEASETIME(1800), RENEWALTIME(), REBINDTIME() |
| 2020/08/11 10:33:35 | DHCPC | DHCPSNAME = |

図3-3 家庭用ルータのログ

　ログは複数の機器で取られたものを、照らし合わせることで、より価値のあるデータとなることがあります。そのとき、ログに残された時刻が一致していることは重要です。不正アクセスがあったかを調べるときに、機器Aと機器Bのログを突合したいのだけれど、機器Aと機器Bの内蔵時計が合致していなければ、うまく照らし合わせることができません。

　そのために、**NTP（Network Time Protocol）**という技術が使われています。パソコンやスマホの時計は、一般的に精度が低く、時刻が狂いやすいので、時刻を自動的に修正するための技術です。NTPを使うと、たとえば手元のパソコンはインターネット上にあるNTPサーバ（原子時計などをもとに正確な時刻を配信しています）に自分の時計をあわせます[6]。

**ワンポイント** [6]

日本国内では、情報通信研究機構（NICT）が、日本標準時を管理しています。NICTは日本標準時を示すNTPサーバを提供しています。

# 3-3 | 1次データ、2次データ、メタデータ

## 1次データと2次データ

　データの種類について、もう少しお話を進めていきましょう。データの分類方法は無数にあり、この本の他の講でも紹介しています。ここでは、**1次データと2次データ**について知っておきます。

　1次データとは、事象や出来事の情報を直接記録したものです。電子化された情報である必要はありません。夏休みの宿題でやった毎日の気温の記録や、役所が出す統計、事故にあった人の目撃談などは1次データです。

　2次データは、1次データをまとめて見やすくしたり、何かの目的のために1次データを取捨選択して説明を行ったりしたものです。百科事典などは典型的な2次データです。統計資料をもとに経済を分析した書籍なども、2次データになります。

　一般的に、1次データを参照するべきと言われることが多いと思います。たとえば、統計資料であれば、政府が発表した1次データを直接読むべきです。それを引用した書籍や、さらにその書籍から孫引きした記事などでは、転載ミスや筆者の主観による意味の変節、情報の更新漏れなどが発生する可能性があります。

　しかし、やみくもに1次データのみにこだわることは、必ずしもよいことではありません。たとえば、戦争の記録である戦闘詳報は1次データですが、とても信用できるものではありません。戦った直後に書かれていますから、興奮していたり、錯誤があったりします。旧日本軍の航空部隊の戦闘詳報には「敵大型艦10隻撃沈」などの記載がありますが、その航空部隊に大型艦を10隻も沈めるだけの雷撃・爆撃の積載量がないケースも混じっています。1次資料だからといって鵜呑みにしたら、調査は台無しになるでしょう。多くの人が利用しているWikipediaにも、このような記載があります。「一般に、ウィキペディアの記事は一次資料に基づくべきではなく、むしろ一次資料となる題材を注意深く扱った、信頼できる二次資料に頼るべきです。ほとんどの一次資料となる題材は、適切に用いるための訓練が必要で

す」、「学者によって書かれ、学術的な出版社によって出版された二次資料は、品質管理のために注意深く精査されており、信頼できると考えられます」

みなさんは大学生ですから、「適切に用いるための訓練」をつみ、1次データを自在に活用できる人になるべきですが、安易に1次データだから素晴らしいと判断することには慎重になりましょう。

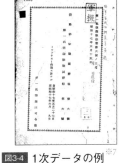

図3-4 1次データの例 [7]

**出典** [7]

艦船・陸上部隊-戦闘詳報戦時日誌-11／昭和17.5.27〜17.6.9 機動部隊 第1航空艦隊戦闘詳報／ミッドウェー作戦（防衛省防衛研究所戦史研究センター所蔵）

## メタデータ

**メタデータ**についても、知っておきましょう。メタデータというのは、データを説明するためのデータです。

たとえば、お芝居の台本を思い浮かべてみてください。明確に2つの情報にわかれています。セリフとト書きです。このうち、お客さんにお芝居として提供されるデータはセリフです。これが台本の主要なデータといっていいでしょう。

それに対してト書きは、セリフを説明するためのデータです。これはお芝居を演じる役者さんに、ここではこう振る舞う、このセリフはこんな感情を込めて、といった情報を提供するためのもので、お客さんには見えない情報になっています。これがメタデータです。

もう少しコンピュータ的な例をあげると、Webページを作るための技術である**HTML**[8]がメタデータによって構成されています。学校の授業などで作ったことがある人も多いと思います。

**用語解説** [8]

**HTML**

Hypertext Markup Languageの略で、Webページを記述するための言語です。タグと呼ばれる形式でメタ情報を記述して作成します。HTMLの文書はブラウザによってタグの内容が解釈され、作成者の意図通りに表示されます。文書中にハイパーリンクを埋め込むことができ、インターネットのさまざまな情報にアクセスすることができます。

```
<!DOCTYPE html> == $0
  <html xmlns="http://www.w3.org/1999/xhtml" xmlns:og="http://
opengraphprotocol.org/schema/" xmlns:fb="http://www.facebook.com/2008/fbml"
xml:lang="ja" lang="ja">
  ▶<head>…</head>
  ▼<body itemscope itemtype="http://schema.org/WebPage">
    ▶<div id="wrapper">…</div>
    ▶<script>…</script>
    ▶<noscript>…</noscript>
    ▶<script type="text/javascript">…</script>
      <script src="/assets/js/lazysizes.min.js" async></script>
    ▶<script type="text/javascript">…</script>
    ▶<script>…</script>
    ▶<script type="text/javascript">…</script>
  </body>
</html>
```

図3-5 HTMLの例（技術評論社HP）

図3-5は技術評論社のWebページのもとになっているHTML文書です。ふだん私たちが見ているWebページとは似ても似つきません。でも、**ブラウザ**[※9]でこれを見ると、いつものWebページが表示されます。なぜでしょうか？ それはブラウザがHTMLのメタデータの部分を読み、その指示に従ってWebページとして再構成してくれるからです。HTMLではメタデータは＜＞記号（**タグ**）[※10]によって囲われています。

**用語解説** ※9

**ブラウザ**

Web上のさまざまな情報に接続し、表示するためのソフトウェアです。文字情報だけでなく、動画や音声情報の再生もできます。代表的なブラウザにChromeやEdge、Safariがあります。

**用語解説** ※10

**＜＞記号（タグ）**

HTMLでは、テキスト要素を説明するメタデータを＜＞記号で囲う（マークアップする）ことで表します。
＜em＞はじめてのAIリテラシー＜/em＞
と書かれていたら、「はじめてのAIリテラシー」は強調されるべき要素と解釈します。

> ＜ title ＞技術評論社＜ /title ＞

HTML文書にこう書かれていたとき、ブラウザはそのまま「＜ title ＞技術評論社＜ /title ＞」と表示したりはしません。＜＞内はメタデータであり、ブラウザを見ているお客さん（私たちです）に見せる情報ではなく、自分が扱うべき情報であると判断します。

そこで、地の文である「技術評論社」はタイトルだから、ページ内に書くのではなくブラウザのタブのところに表示しよう、などと処理するわけです。

私たちは結果として、HTML文書の地の文（主要なデータ）部分だけを見ます。いっぽうでブラウザはタグに書かれている情報（メタデータ）を見て、地の文のこの部分は赤く表示するのだなとか、ここには写真を挿入するのだななどの加工を行っているのです。セリフが観客向け、ト書きが役者向けの情報であったことと比べてみてください。

メタデータが充実していると、そのデータを自動的に扱える可能性が高まります。50、60、40というデータが与えられてもなんのことかわかりませんが、50（英語の点数）、60（数学の点数）、40（国語の点数）とメタデータが添えられていれば、問い合わせたり人手を介したりしなくても、プログラムが自動処理しやすくなります。

## 3-4 | 非構造化データの増大

### データベースとデータの構造化

　私たちはこれまで、データを主に**データベース**[11]に記録してきました。一般的に使われてきたデータベースは**リレーショナルデータベース**といって、互いに関係する（リレーション）列や行、表にデータを保存します。

　わかりにくければ、Excelの画面を思い浮かべてみてください。Excelはデータベースではありませんが、データを保存する形式は似ています。表形式になっていますね。

　データを効率的に管理するためには、このようにデータを整えて（**構造化**）おくことが重要だと考えられてきました。いまでもデータをきちんと構造化することは、データを素早く参照したり、重複や更新忘れをなくしたりするために、とても大事です。

### 非構造化データの活用

　しかし一方で、「データをちゃんと構造化しないと、データを扱えないぞ」という意識は、データを活用する行為のハードルを上げてきました。また、もっとたくさんのデータを使いたいニーズも増えています。たとえば、小説の文章を「そのままデータ」として分析し、作者の感情を考察しよう、などとやる場合です。このとき、小説の文章を構造化データにすることは無理がありますし、試みれば大変な労力がかかります。

　そこで、データの構造化を完全に行わなかったり、最初から構造を持たせない、**非構造化データ**が活用されるようになりました。非構造化データの例としては、先ほどの小説などの文章や動画、静止画、音声などがあります。古典的な数値データも、構造化されていなければ非構造化データになります。

　非構造化データを扱うようになって、データ活用の幅がぐんと拡がりました。世の中の多くのデータは非構造化データだからです。ビッグデータ（大量、即時、多様）の時代が到来したと言われることにも、非構造化データ

**用語解説**　[11]

**データベース**

コンピュータに大量のデータを集め、あとからデータの追加や削除、検索をしやすいよう、分類・格納したものをいいます。リレーショナル型データベースやカード型データベースなどの種類があります。また、蓄積したデータを管理するソフトウェアのこともデータベースと呼びます。表計算ソフトや家計簿ソフトなどをデータベースとして代用することもあります。

が深く関わっています。

　ただし、構造化データと非構造化データは、データの有り様の違いであることに注意してください。構造化データだから古くさくて役に立たず、非構造化データだからAIでの活用に向いているとか、そういうことではありません。「こういう使い方をするので、構造化データとして保存しておいた方がいいはず」といった判断ができる人になりましょう。

| 注文番号 | 商品番号 | 商品名 | 単価 | 数量 |
|---|---|---|---|---|
| 001 | A1 | 技評まんじゅう | 300 | 2 |
| 002 | A2 | 技評フィギュア | 12000 | 12 |
| 003 | A1 | 技評まんじゅう | 300 | 6 |

| 注文番号 | 商品番号 | 数量 |
|---|---|---|
| 001 | A1 | 2 |
| 002 | A2 | 12 |
| 003 | A1 | 6 |

| 商品番号 | 商品名 | 単価 |
|---|---|---|
| A1 | 技評まんじゅう | 300 |
| A2 | 技評フィギュア | 12000 |

ここでは部分関数従属を取り除いて、正規化をしています。こうすることで、データの一貫性を確保しやすくなり、データへのアクセスも効率的になります。

出典 ※12
『ITパスポート合格教本』
（技術評論社）より

図3-6 データを構造化する作業の例[※12]

# 第4講

# データ・AIを何に使えるか

# 4-1 | データ・AIの活用領域の広がり

## 身近になっていくデータサイエンス

　データは研究開発から民間のサービスへと、活用の範囲が拡がりました。**データサイエンス**が民主化されたと表現しても良いでしょう。

　他の講でも見てきたように、従来の考え方ではデータは貴重なものでした。長い時間とたくさんのお金をかけて取得し、保存するものだったのです。したがって、それを行える主体は行政機関や軍、研究機関、大企業などに限られていました。

　また、「このデータを取得しよう」と決めてから、それが実際に使えるようになるまでに時間がかかったため、活用できる範囲も限られていました。この種のデータ活用で最も私たちに身近なのは天気予報かもしれません。気象庁のような機関でないと、そんなことはできなかったわけです。

　しかし、時代は変わりました。たとえば民間企業でも天気予報事業に参入する障壁は低くなっています。ベンチャー企業などがいまから温度計や湿度センサーを世界中、日本中に設置することは無理がありますが、利用者の同意を取り付ければこうしたデータをスマホから取得することも可能です。**オープンデータ**[※1]としてこれらを公開している組織もあります。端末にセンサーがなくても、いまの天気を利用者に報告してもらうようなやり方もとれます。実際にこの方法を採用しているサービスもあるくらいです。

　データを集めることが容易になり、そのコストも下がったおかげで天気予報は気象庁だけがやるものから、民間や個人でも手の届く行為へと解放されました。予測の精度は上がり、ピンポイントにある地点だけの予報をすることや、10分後の空の状態を予測することができるようになりました。

**用語解説** [※1]

**オープンデータ**

2次利用できるよう公開されたデータです。人の手を介さずに、機械が自動的に識別・利用できるのが望ましいと言えます。
インターネットなどを通じて配布され、誰でも自由に入手、利用できます。数値や文書だけでなく、図画や動画などのデジタルコンテンツも含みます。

## 多様化するデータの活用例

　このようなことがあらゆる分野で起こっています。データを活用することによって、新しい価値を生み出そうとする活動が、生産、消費、文化などの各領域に拡大しています。

タクシーに乗るとディスプレイが**デジタルサイネージ（電子広告）**<sup>※2</sup>になっていることがあります。誰が乗っても同じ広告を見せているだけでは効果が限定されるので、スマホと連動して利用者の情報を読み取り、その年代や嗜好にあわせた内容の広告を映し出す実験などが行われました。

**図4-1** タクシーのデジタルサイネージ　　　　写真提供：株式会社ニューステクノロジー

**用語解説**　※2

**デジタルサイネージ（電子広告）**

ディスプレイを利用した電子広告です。通信ネットワークを利用して、表示内容を更新したり、複数の広告を表示することができます。インタラクティブ性を持ったものもあります。

高度化された自動販売機では、その日の気温や湿度から何がどのくらい売れるかの**需要予測**を行うこともできます。ある実証実験では、利用者が目の前に立ったときにはセンサーからの情報で性別や年齢を判断し、その人にあった商品をすすめたこともありました。たとえば、女性は体を冷やしたくない利用者が多いといったデータが取れているので、常温の商品を提案することなどです。一人ひとりに狙いを定めて異なる広告を見せる**ワントゥワンマーケティング**は、もはや日常の一部になっています。

いまこの瞬間や1時間後に、どの地域でどのくらい電力や水が必要になるか。帯域が逼迫して、携帯電話がつながりにくくなりそうな場所はどこか。どの飛行機の座席やホテルの客室に空きが出そうで、いくら値下げすれば売れそうなのか。いまやデータを活用する場合としない場合とでは、ビジネスの効率は天と地ほどの差が生じるようになっています。お腹に貼り付けておくことで、あとどのくらいでトイレが我慢できなくなるかを判定するセンサーなども作られているくらいに、データの種類、その活用のされ方は多様化しました。

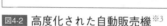
図4-2 高度化された自動販売機[※3]

写真提供：株式会社JR東日本クロスステーション

注意 [※3]
本文中の実証実験と、この写真の自動販売機は無関係です。

## 日本でのデータ利活用

　ただし、日本のデータ利活用は遅れが指摘されています。生存する個人の情報で、氏名や生年月日、ID、行動記録などによってそれが特定のこの人の情報だとわかってしまうもののことを**個人情報**と言います。

　個人情報は先の事例のように活用すると便利ですが、第三者に自分のことを詳しく知られてしまうリスクと隣り合わせなので、**個人情報保護法**によって保護されています。個人情報保護法では、データベースなどによって体系化され使いやすくした個人情報を個人データといいます。また、個人情報の中でも人種、信条、社会的身分、病歴、犯罪の経歴など、特にセンシティブで差別などに結びつきかねない情報のことを**要配慮個人情報**と呼んでいます。

　個人情報を不正、不当に利用されないことはとても重要ですが、日本の場合はEUほど個人情報の保護が厳密ではなく、アメリカや中国ほど積極的に活用する方針でもありませんでした。バランスが取れているとも言えますが、どっちつかずとも言えます。判断する人の考えかたによって評価が分かれるところでしょう。

　しかし、データ活用に乗り遅れると、**DX（デジタルトランスフォーメー**

ション）※4 と呼ばれるような高度な情報化による社会全体の価値向上がままならないという危機感が高まり、個人情報保護法が改正されました。

用語解説 ※4

**DX（デジタルトランスフォーメーション）**

Digital Transformation の略。2004年にストルターマンが提唱した概念で、情報技術を用いて産業や社会などあらゆる領域で変革をもたらすことをいいます。

## 匿名加工情報

改正後の個人情報保護法には、新たなカテゴリーとして**匿名加工情報**が新設されました。たとえば個人情報を第三者に提供する（何かの目的にデータを利活用する）には、本人の同意が必要で、これがデータの活用を妨げるハードルになっていました。

新しい法律では、特定の個人を識別できないように個人情報を加工した「匿名加工情報」であれば、本人の同意がなくても第三者に提供できるとしてデータの活用を促したのです。匿名加工情報は手を加えても、もとの形に戻せない（個人を再度識別できるようにはならない）ように工夫されています。

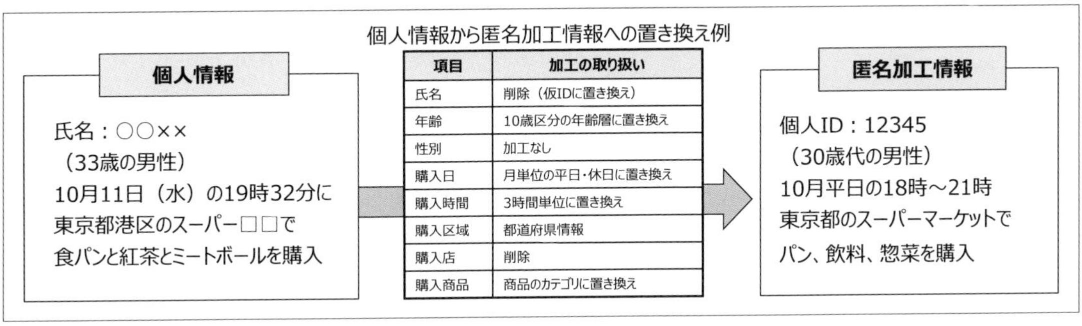

個人情報から匿名加工情報への置き換え例

| 項目 | 加工の取り扱い |
|---|---|
| 氏名 | 削除（仮IDに置き換え） |
| 年齢 | 10歳区分の年齢層に置き換え |
| 性別 | 加工なし |
| 購入日 | 月単位の平日・休日に置き換え |
| 購入時間 | 3時間単位に置き換え |
| 購入区域 | 都道府県情報 |
| 購入店 | 削除 |
| 購入商品 | 商品のカテゴリに置き換え |

**個人情報**

氏名：○○××
（33歳の男性）
10月11日（水）の19時32分に
東京都港区のスーパー□□で
食パンと紅茶とミートボールを購入

**匿名加工情報**

個人ID：12345
（30歳代の男性）
10月平日の18時〜21時
東京都のスーパーマーケットで
パン、飲料、惣菜を購入

図4-3 匿名加工情報
出典：総務省『ICTスキル総合習得教材』より

# 4-2 | 具体的にどう使えばいいのか

## データの使い方・仮説検証型

　現実のビジネスで使われている事例として、デジタルサイネージやイノベーション自販機などを見てきました。しかし、初学者がすぐにこのような使い方ができるわけではありません。私たちは、大学での学びや新しく覚える仕事のなかで、どのようにデータやAIを活用していけばよいのでしょうか。

　具体的には、**仮説の検証、知見の導き、原因究明、意思決定支援**[※5]などに、直接的な効果があると考えられています。

　AIやビッグデータを活用すると、**探索的データ解析**がしやすいと言われています。これはどれほど強調しても、し過ぎることはないので繰り返し述べますが、これまでデータは稀少なものでした。取得するのも、保存しておくのも大変だったのです。したがって、あらかじめ「この現象は、こんなふうにして起こってるんじゃないかな」、「この事故は、こう説明できるのでは」といった仮説を立て、その仮説に沿ってデータを収集しました。仮説に沿ったデータしか集めなくていいので、コストパフォーマンスがいいからです。

　そこで集められたデータを使って、この仮説は正しかった、こっちの仮説は違っていたなどと検証していくのです。**仮説検証型**のデータの使い方です。

## データの使い方・仮説探索型

　それに対して、ビッグデータやAIの普及により、大量のデータを安価に入手できるようになりました。すると、仮説はないけれど集められるだけデータを集めて、取り敢えず分析を始めてみようといった使い方ができるようになります。これを、**仮説探索型**のデータの使い方とか、探索的データ解析などと呼びます。

　思いもよらない発見をすることもあるので、ビッグデータとAIを使った

**用語解説** ※5
**意思決定支援**
意思決定に役立つ情報を提供するなど、サポートを行うことです。医療分野であれば医療情報や薬剤情報、病院情報などの提供による意思決定支援があります。意思決定支援を行うシステムのことをDSS（デシジョンサポートシステム）といいます。

分析では探索的データ解析を行う人が多いと言われています。しかし、仮説の検証に使えないわけではありません。ここではそれを強調しておきます。

将棋の例で言えば、「王様と飛車は離して配置しろと言われるけど、隣接した方が勝率がいいのでは？」などと仮説を立てます。実戦で「この仮説は確からしい」と判断できる水準に至るまで繰り返しこれを試すのは困難ですが、AIを使えばずっと楽に検証することができます。

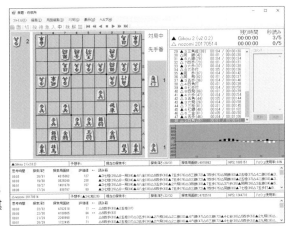

**図4-4** AI同士の対局ができる USI対応の人気将棋 GUIソフト「将棋所」

## 人の負担を軽減するエスカレーション

私たちに身近なところでも、AIを使った**ヘルプデスク**などはすでに多くの企業が活用しています。たとえば、製品が故障して困っている利用者に、いくつかAIとやり取りしてもらいます。このやり取りにはいまのところチャットやLINEなどが使われています[6]。

すると、いま起きている事象から、その故障の原因が何であるかをAIが導き出し、適切な修理方法や相談窓口を案内してくれるわけです。

困りごとはいつ発生するかわからないので、ヘルプデスクは24時間対応しているのが望ましいですが、人間の要員が張り付いているのは大変ですし、コストがかかります。AIであれば、低コストで運用でき、疲れることもありません。人間でよくあるスキルや知識のバラツキも発生しません。

仮にAIの対応によってトラブルを解決できなくても、そのときだけ熟練した人間にバトンタッチすればよいので、人間の負担を軽くすることができます。これを**エスカレーション**といいます。最初はAIやバイトの人など、コストの低い形で受け付け、そこで問題が解決できてしまえばそれでOKで

す。もしダメなら、もっと上位の(でもお金がかかる)担当者に処理を引き継いでいきます。怒ったお客さんが「店長を呼べ！」と怒鳴っても、すぐに店長が出てこないのにはこうした理由があります。

　すでに、サービスの提供方法として一般的になっているので、経験したことがある人も多いのではないでしょうか。

## AIが得意な仕事、苦手な仕事

　もっとも、この言い方だと人間のほうが仕事ができることが前提になっていますが、皆さんもご存じのようにAIが人間を凌駕するケースも増えています。従来の考え方だと、AIをはじめとする自動機構に単純作業や苦しい作業、つまらない作業を任せ、人間はたくさんお給料がもらえる仕事や創造的な仕事、楽しい仕事に集中できるはずでした。

　ところが、いざAIが各所で使われ始めてみると、けっこう知的な仕事も得意なのです。さらには、人間のすべてが創造的だったり、高度な仕事が上手なわけでもありませんでした。いまでは、人間に最後まで残される、人間のほうが上手な仕事は、「コミュニケーションを伴う単純作業」なのではないかとまで言われることがあります。いろいろなところに荷物を運ぶような仕事ですね。

　「AIに仕事を奪われる」という言い方の本質はここにあります。仕事を完全に奪われるわけではありません。人間に残される仕事は必ずあります。また、仮に何もかもAIのほうが仕事が上手になっても、人間が無駄な仕事を思いつく能力は圧倒的なので、何か余計な仕事を作り出して失職しないようにすることでしょう。

　ただ、「残された仕事」が楽しかったり、やりがいがあったり、給料が高かったりする保証はないということです。アマゾンの**メカニカルターク**[※7]というしくみは、情報システムが色々な仕事をこなしていく際に、「情報システムが苦手とするもの」を人間に依頼するのが特徴です。形だけ見ると、人間が情報システムの下請けになっているようにも捉えることができます。

　別に給料が高い仕事や主体性が発揮できる仕事だけが素晴らしいわけではありませんが、選べる選択肢はたくさんあったほうがいいと思います。自分の可能性を拡げるために、みなさんはデータを使いこなせる人になってください。

**用語解説** ※7

**メカニカルターク**

Amazon Mechanical Turk。MTurkと略されます。Amazonが提供するクラウドソーシングプラットフォームです。WebインターフェースやAPIを通じて、世界中の人にさまざまな仕事を依頼することができます。

## 意思決定支援システム

**意思決定支援**にも、AIは積極的に活用されています。いまや複雑な事象、瞬間的な判断を要求される業務には、AIをはじめとする情報システムの支援が必須だと言っても過言ではないでしょう。様々な意思決定支援システムがビジネスシーンで使われています。

中には株の**高頻度取引**（**HFT：High Frequency Trading**）のように、ミリ秒（1／1000秒）といった単位で仕事をこなしていく必要があるため、事実上AIに売り買いの判断を任せているような分野もあります。

## AIの意外な使い方

AIはまだできることが限られているとはいえ、上手に使えば大きな効果を発揮するので、よりよい社会を目指す人や、一攫千金を狙う人が知恵を絞って、あれに使ってみよう、こっちにも適用してみようと試行錯誤している真っ最中です。

褒めることしか知らない優しいAIだけがメンバーのSNSはなかなか居心地がよかったですし、近年のゲームのパーティメンバーが自然な動作をするのもAIのおかげです。

怖い使い方もあります。民間の自動運転車はこれからデビューする段階ですが、軍事では無人機が既に実戦投入されています。最初はあくまで偵察が主任務だと思われていましたが、すでにシミュレーターを使った模擬空戦では人間の熟練パイロットがAIに負けています。

実機を使った空戦訓練も予定されていますが、おそらくAIが勝利するだろうと言われています。肉体への負荷を考えない高速機動（マニューバ）ができますし、今後AIと人間の差は開く一方でしょう。

「危険なことや嫌なことはAIに任せよう」という方針からすれば、戦闘をAIに委ねるのは理に適っているように見えますが、AIに恐怖はなく、「もうこりごりだから、戦争はやめよう」とも言い出しません。

# 4-3 | シェアリングエコノミー、エビデンスベース社会、ナッジ

## シェアリングエコノミーとは

**シェアリングエコノミー**の拡大なども、データやAIの活用と深く関わっています。シェアリングエコノミーとは、個人が持つ何らかの遊休資産を貸し出すサービスです。ここで資産というのは部屋だったり車だったりしますが、スキルなども含めて考えます。

たとえば、仕事に使うのでもない限り、車は使っている時間よりもガレージに駐めている時間のほうが長い資産です[8]。この遊休時間がもったいないと考えて、人に貸すのがシェアリングエコノミーです。

**ワンポイント** [8]

2021年現在、日本の自動車保有台数は約8,200万台となります。そのうち、日本の中で最も多くの自動車が稼働している時間帯は朝の通勤ラッシュで、約3,000万台の自動車が走っていると言われています。最多時間帯であっても、約5,200万台の自動車は駐車場に停まっているわけです。

図4-5 Uberはシェアリングエコノミーの一例

©shopblocks

部屋を貸すサービスもありますし、日曜大工のスキル（代わりに何か作ってあげる）や、自分のそのもの（1日友だちとして振る舞ってあげる）を貸すようなサービスも登場しています。

## データとAIの活用で上手にマッチング

シェアリングエコノミーが発達した理由はいくつかあります。体感市況の低迷が続いているので、ちょっとでも自分の資産をお金に換えたい、環境問題に関心があるのでシェアすることによって車の総数を減らしたい、などが主たるものですが、これらの動機は昔からありました。

それが最近になって急速に勃興したのは、データとAIの活用によって現実的な予算と手間の範囲で**マッチング**が上手にできるようになったからです。

シェアリングエコノミーに限らず、どんなビジネスでもその中核要素として考えなければならないのは供給側と需要側のマッチングです。魚を売りたいと思っている人、魚を買いたいと考えている人がいても、2人が出会えなければ魚は腐ってしまいますし、お腹は減ったままです。出会えていれば発生したはずのお金のやり取りもなく、経済も発展しません。

魚や肉については需要も供給もたくさんあるので、市場や小売店舗などのしくみが昔から構築されていて、そこへ赴けば取りあえずマッチングができるようになっていました。

それに比べると車や自転車、配達という労働力の貸出などは市場が小さいので、あまりしくみが整えられてきませんでした。また、旅行の時に誰かの部屋を貸してもらえたら便利ですが、旅行をする以上は遠隔地ですから通信手段が整備されていないと難しいです。

インターネットや移動体通信システムという、ある程度信頼でき、遠隔地もカバーする安価な通信手段と、世界中の人を母集団とできるデータの蓄積、それを分析するAIによって、これらの問題が解決されたのが現代だと言えます。

ジェットエンジンを貸したい人、借りたい人の絶対数は少ないと思いますが、広大なインターネット全域から相手を募ることができれば、世界中のどこかでは発見できるでしょう。貸す人、借りる人に相手を探す能力がなくても、AIがサポートしてマッチングしてくれます。これによって、自分のやりたいことが実現できたり、遊休資産を有効活用したりすることが容易になりました。

## ネットの信頼性とリスク

一方で、リアルとネットの融合が進んでいるといっても、まだまだ過渡期です。現実の世界でビジネスや取引を始めるにあたっては、相手が信用できるかどうかを確かめるしくみに歴史があり、多くの人が使いこなしていますが、ネットではこの手段が乏しいのが実情です。

たとえば、Webサイトなどでよく使われる**デジタル証明書**[*9]は、その会

**用語解説**
**デジタル証明書**
電子証明書ともいいます。インターネット上で安全にデータをやりとりするための証明書です。認証局（CA）によって発行されます。

社が実在していることを第三者機関が証明してくれるものです。でも、それだけだということに注意しましょう。その会社の資金繰りや経営方針が信用できるかどうかは、評価対象外です。

　ネットにおけるレビューなどは相手の評価を探る手段のひとつですが、**評価爆撃**などの攻撃方法もあるので安定した指標にはなっていません。

図4-6　Googleの証明書

　評価爆撃についても触れておきましょう。現在、**レビューサイト**などは単に商品や会社の評判を書き込むだけでなく、自分の意見を表明して、相手の行動を変えさせる手段のひとつと捉えることができます。

　自分の意見を表明して社会を変える手段は長らく選挙がその役割を担ってきましたが、たとえば日本だと高齢者人口が多いため、それはすなわち高齢者の票が多いことを意味します。なかなか若年層の意見を反映させるのが難しい状況です。

　そうした状況下では、選挙が迂遠な手段に見え、むしろ嫌だと感じる会社の商品に大量の低評価レビューを書き込んだほうが素早く簡単に社会を変えられる可能性があるように思えます。実際にそのように行動している人たちもいます。

　意見を述べること、それによって社会を変えられる可能性があることは、人にとって重要な意味を持ちます。したがって、その可能性を模索するのは良いことと考えられますが、評価爆撃や**ハクティビズム**[※10]などの手法は一方

的で、相手に十分な反論の機会が与えられない、そもそも**レビューシステム**はそうした場として設計されていないなど、多くの問題をはらんでいます。

リアルとネットの融合が進むなかで、どういう方法でネット上の信頼を担保するかは大きな課題です。行動によってその人に点数をつける、いわゆる**信用スコア**[11]なども試みられており、そこでもAIが活用されていますが端緒に就いたばかりです。

そもそも人が集まる（マッチングする）ところには、多くの資産、脅威、脆弱性も集まるわけで、不可避的にリスクが増大します。そのことをよく理解した上で、自衛のための知識と手段を確保しておく必要があります。

出会い系サービスなども、ニッチなニーズを満たせたり、より多くの母集団のなかからマッチする相手を見つけられる可能性とともに、大きなリスクを内包していることを意識しておきましょう。

## エビデンスベース社会とは

これらのシェアリングエコノミーのサービスは、厳密な数値の裏付けがあって成立しています。データやAIの活用が進む中で、社会に大きな影響を及ぼす部分と言えるでしょう。これまでにも、野球で初心者はゴロを打てと教わってきたけれど、実はフライを打ち上げた方が試合の結果に貢献できるのでは、といった例を取り上げてきました。

お店にどんな商品をどのように並べるかは、お店の人の経験や勘、目分量などで行われてきましたが、データに裏打ちされた陳列にはもう敵わないかもしれません。こういう世の中を**エビデンスベース社会**といいます。**エビデンス**とは**証拠**のことです。

より商品が売れるように、よりお客さんに喜んでもらえるようにするためには、こうしたエビデンスを積極的に活用していくことが大事です。しかし、数値がすべてだと思うあまり、他の事柄を軽視して失敗したり、エビデンスや前例のない業務に踏み出せなくなる危険性も指摘されています。みなさんはエビデンスを有効活用しつつ、幅広い視野を持つようにしてください。

また、エビデンスを活用した知見に「**ナッジ**」などがあります。ナッジとは軽くつつくことで、何かのしかけを用意して人の行動を自発的に変えてもらうことを意味します。

**用語解説** [11]
**信用スコア**
個人のデータを分析し、信用の度合いを数値化したものをいいます。スコアによってローン審査やクレジットカードの利用、不動産契約などに特典やペナルティを付与することが考えられています。

| カードの種類 | 海洋ごみの写真を付したカード | 諸外国における規制状況を付したカード | 「レジ袋が必要な方はカードを提示してください」 | 「レジ袋が不要な方はカードを提示してください」 |
|---|---|---|---|---|
| デフォルト設定 | 申告による配布 | 申告による配布 | 申告による配布 | 申告による辞退 |
| 実施前の辞退率 | 24.5% | 20.8% | 21.8% | 23.1% |
| 1/27〜1/31 | 28.7% | 54.2% | 44.1% | 24.2% |
| 2/3〜2/7 | 65.7% | 63.9% | 50.2% | 25.0% |
| 2/10〜2/14 | 74.5% | 49.0% | 49.7% | 23.5% |
| 終了後(カード無し)の辞退率 | 62.8% | 41.6% | 47.0% | 25.8% |

図4-7 経済産業省が行ったナッジの実験
出典：経済産業省

　これは経済産業省が行ったナッジの実験の例です。「レジ袋が不要な方はカードを提示してください」とやるよりも、「レジ袋が必要な方はカードを提示してください」と記した方がレジ袋の辞退率が高まります。

　さらに、カードに海洋ゴミの写真を印刷すると、もっとレジ袋の辞退率を上げることができます。

　ある大学では、「3階までどう行きますか。階段48秒、エスカレータ56秒、エレベータ1分33秒」というポスターを掲示したところ、エレベータの利用者が減ったそうです。

　データの分析によって得られた知見で環境負荷を抑える試みですが、視点を変えれば知らないうちに自分の行動に介入されたり、誘導されたりしている怖さを感じるかもしれません。

　データやAIの利活用は、今後もどんどん人間への理解を深めていくでしょう。そのとき、どこまで人の行動をいじっていいのかは、よく考えておくべき問題です。

# 第5講

# データ・AIの技術

# 5-1 | データ解析とは何をしているのか

解析とは何かを調べることですから、日々あらゆる場所で無数のデータ解析が行われています。AIによるデータ解析と限定すれば、予測、クラスタリング、パターン発見、最適化、シミュレーションなどが主流でしょう。

ただ、注意して欲しいのは、こうした解析はAIができる以前からずっと行われてきたという点です。

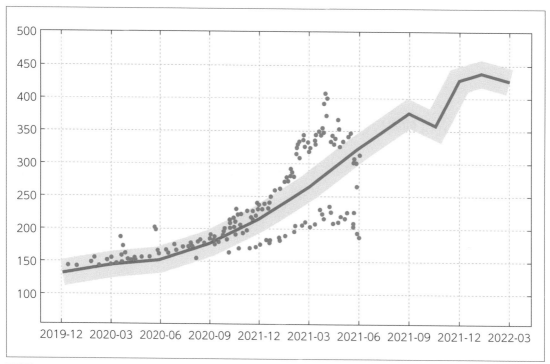

図5-1 予測

たとえば、私たちだってこのようなグラフを見せられれば、「このまま、右肩上がりで推移するかな？」と予測することができます。情報システムやAIを使うことで、もっと複雑なデータを使って精密な予測が可能になったということです。

## クラスタリング分析

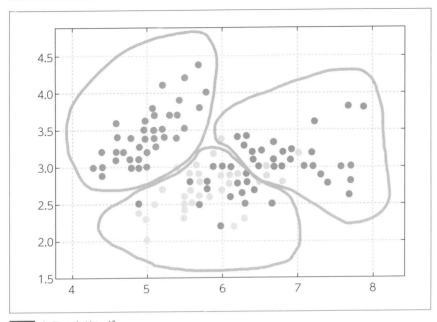

図5-2 クラスタリング

これは**クラスタリング**[※1]の例です。クラスタリングとか**クラスター分析**というと格好よさげですが、もともとはぶどうの房のことです。そこからもじって、ぶどうの房のようにデータをグループ分けする意味で使われるようになりました。大型の爆弾から小さな爆弾がたくさん飛び出してくる兵器はクラスター爆弾です。

上図を見ると、データがなんとなくまとまりを帯びていて、3つのグループに分けられそうです。それを実際に行うのがクラスタリングだと考えてください。やり方はただ1つに定まっているわけではなく、どのくらい密集していればクラスターと考えるのか、けっこうばらついていてもいいのか、全体として何個のクラスターに分けるのかなどで、かなり異なった分析結果が出てくることもあります。それを適切に行うのがデータサイエンティストの腕の見せ所です。

理科で習った主系列星のグラフなどは、クラスタリングの例です。たくさん星がある中で絶対等級が高く、表面温度の低いものは赤色巨星のクラスターに属していて、絶対等級が低く、表面温度の高いものは白色矮星のクラスターに分類されます。

用語解説 [※1]

**クラスタリング**
（Clustering）

データをグループ化することです。教師なし学習のよい例です。つまり、グループ化の基準をあらかじめ与えなくても、そのデータの構造を分析してグループに分けてくれます。

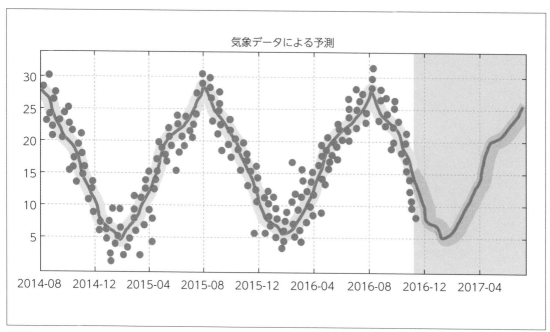

気象データによる予測

図5-3 パターン発見

## AIによるデータ解析の特徴

ワンポイント　※2
パターン認識（Pattern Recognition）とも呼ばれます。

　パターン発見[※2]も、昔から行われてきました。たとえば、上図のグラフを見れば、私たちも「波形のパターンがある」と気づきます。

　AIによるパターン発見の技術は、もっと複雑なパターンや、人間では盲点になって気づきにくいパターンを発見できることに特徴があります。

　たとえば、よく引用される事例に「ビールと紙おむつを並べて陳列したら、両方一緒に買う人が続出して売上が増加した」というのがあります（これ自体が都市伝説だとする説もあります）。

　私たちは先入観として、「ビールと紙おむつは、ふつう一緒に買わないのでは？」と思い込んでいるので、こうした思いもよらないパターンは発見しにくいです。先入観に囚われずにデータを検証できるのは、AIのよい点です。

　また、人間はデータの処理能力に限界があるので、一般的には仮説を立て、それにそってデータを収集、解析します。「ビールと紙おむつに関係があるのでは？」と思いついたら、ビールと紙おむつのデータを集めてきて、眺めたりいじったりするわけです。

　すると、仮説にないつながり（ビールと消しゴムも並べておくと、よく売

れるとか)には気がつくことができません。消しゴムのデータはないわけですから。また、苦労して思いついた仮説なので、それが可愛くなってしまって、そんなに仮説に合致していないデータでも「このデータは仮説を裏付けているぞ」などと思い込んでしまうこともあります。

　ビッグデータとAIを組み合わせれば、人間の発想では思いもよらなかった目新しい発見ができるかもしれません。特に仮説などなくても、取り敢えずたくさんあるデータから、相関などを見つけていくやり方(探索的データ解析)です。AIの計算速度であればそれができますし、仮説に固執してデータの解釈をねじ曲げることもないでしょう。

　ただし、AIに任せておけば安心だと誤解しないでください。収集したデータに偏りがあればAIも間違った判断を下します。膨大なデータの中から、思いもよらない発見をしても、自分の仕事や勉強の役に立たない発見かもしれません。

　チェスや将棋でも、人間の棋力をAIが上回って久しいですが、AIとデータの扱いに長けた人間を組み合わせると、AI単体よりも強くなることが知られています。チェスではAIと人間がチームを組む、アドバンスドチェスなどの競技が行われています。

　ビジネスや研究の分野でも、AIを腕のよい**データサイエンティスト**[※3]が使いこなしたときに、最大の効果が得られると考えられています。

**用語解説** ※3

**データサイエンティスト**

データに基づいた合理的な判断ができる要員です。データを分析して解決方法を提示したり、評価する人のことをいいます。データ分析の専門家といえます。

1
2
3
4
5
6
7
8
9
10
11
12
13
14

## 5-2 | 可視化の手法にはどういったものがあるのか

### グラフによる可視化

　近年はデータをわかりやすく見せること（**可視化**）の重要性が増しています。確かに、表の形で数値だけを羅列するより、棒グラフや折れ線グラフの方が読む気になりますし、データの特徴などを理解しやすいです。

　一方で、可視化で誇張することによって、本来のデータが意味をなさなくなるくらい歪んだメッセージが伝わってしまう**チャートジャンク**（P.93参照）の問題も指摘されています。健康食品の効果がものすごいことになっているように見せかけるグラフなどがそうです。

　棒グラフや円グラフなどの基本的なグラフは、算数や数学で習ってきましたが、ビジネスや研究で使うグラフをいくつか取り上げておきましょう。

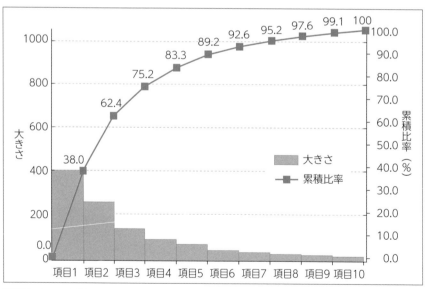

図5-4　パレート図

**用語解説**　※4

**パレート図**

項目別のデータを降順（大→小）に並べた棒グラフと累積比率を表す折れ線グラフを組み合わせた複合グラフです。経済学者のパレートが考案しました。品質管理の分野で広く利用されています。

　上図は、複合グラフ、かつ2軸グラフの例です。いわゆる**パレート図**※4ですね。たとえば、商品ごとに売り上げが大きい順に棒グラフで、その累積を折れ線グラフで描いていきます。すると、「うちは売上のほとんどを商品Aに頼っているぞ」などの気付き（重点分析）が得られます。

　この図は棒グラフと折れ線グラフを組み合わせているので、**複合グラフ**と呼ばれます。また、棒グラフを読むための目盛りは左軸、折れ線グラフを読むための目盛りは右軸に刻まれており、データによって読み取るべき目盛りが異なるので**2軸グラフ**でもあります。

## 地図を使った可視化

　また、従来型のグラフによらない可視化手法も増えました。日常でよく見かけるものとしては、地図にデータをプロットするタイプのものがあります。

図5-5　タクシー配車アプリ「JapanTaxi」

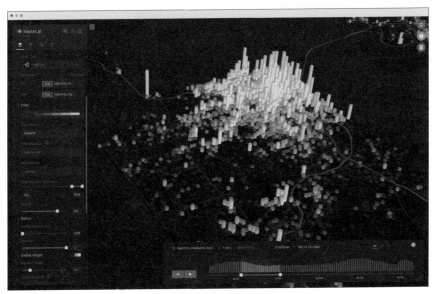

図5-6　webGIS「Kepler.gl」(Uber社)

## 動的な可視化

　見ているうちに情報が変化する、動的な手法もあります。スワイプすることで、ある部分が古地図に、別の部分は現代の地図になるような画像を見たことがないでしょうか。情報を紙に印刷する機会が減っているので、そのような手法も採りうるわけです。インターネットの接続の様子や、友だち同士の関係を可視化するグラフなどもあります。

　これらの可視化手法は、いままでもできなかったわけではありません。しかし、作成には高度な技術や資金、時間が必要でした。しかし、現在では**BI（ビジネスインテリジェンス）**[※5]ツールやExcelなどを使って、誰でも簡単に作成することができます。

# 5-3 | 非構造化データの処理とは

## 言語処理

　非構造化データの処理も高度化しました。目を見張るのは、言語処理、画像処理、音声処理などの分野でしょう。

　**言語処理**では、たとえば**自動翻訳システム**が出力する翻訳結果は、かなり自然なものになりました。私たちがよく使う日英訳ではまだたどたどしさが目に付きますが、構造が似通っている言語同士の翻訳では、そのままビジネスに使えるような訳を作ることもできると言われています。

　ここでも、ビッグデータが活用されています。自動翻訳システムは（中国語の部屋のように）いまだ文章の意味や構造を完全に把握しているわけではありません。でも、この単語の次にはこのイディオムが来ることが多い、といった生起確率などを併用することによって、実用的な文章を組み立てられるようになっています。

## 画像処理

　**画像処理**は説明するまでもないかもしれません。グラビアの写真などで、被写体のシミやほくろを消す加工はずっと以前から公然と行われてきました。そのためには高度な手作業を行う必要がありましたが、AIによって作業を自動化できるようになりました。

　すると、動画の加工も可能になります。一般的な動画では1秒間に30コマ、60コマといった静止画をパラパラまんがのように切り替えて画像を動かしていくので、動画の修正を手作業で行うことは事実上無理でした。どれだけの労力がかかるかわからないからです。

　しかし、AIを使えばそれも可能になります。安価な画像処理ツールでも、「この動画のなかから、あの人物だけを消す」、「動画に映っている人の顔を、別の人の顔と入れ替える」といった処理が行えます。

図5-7 写真を有名画家の絵画風に加工するAI「Enpainter」(ラディウス・ファイブ社)

顔認証の精度も向上し、いままで難しかった双子の判別などもできるようになりました。本人確認の手段としてパスワードには欠陥が多く、**バイオメトリクス(生体認証)**[6]が次世代の標準になるだろうと言われてきましたが、その本命は指紋や虹彩を使うものでした。

用語解説　[6]

バイオメトリクス
(生体認証)

個人の身体的特徴で本人確認を行う認証方式をいいます。パスワードに比べて防犯の効果が高くなります。指紋認証や静脈認証、顔認証や声紋認証などがあります。

しかし、顔認証技術の発達により、それらは急速に顔認証に置き換えられていきました。カメラがあれば実施できる顔認証は、カメラを搭載したスマホやノートパソコンが街に溢れるなかで、容易に普及させることができたのです。写真から年齢を言い当てたり、5年前にとった証明写真から、いまの顔を推測して本人確認をすることなども可能になっています。

## 音声処理

音声処理も長足の進歩を遂げています。たとえば、音の合成はピアノやドラムなどの比較的シミュレーションしやすい楽器から始まりました。学園祭などでPCMシンセサイザーやシーケンサーを使って自動演奏をした経験のある人もいると思います。

それがギターやバイオリンなどの弦楽器でも違和感の少ない音が出せるようになり、ついには人の声もかなり自然に発声できるようになりました。商業的にはVocaloidの初音ミクなどが有名ですが、深層学習と組み合わせた先端技術では、楽曲によっては人の声と判別するのが難しいほどのクオリティを実現しています。

もちろん、ただ楽譜と歌詞を入れれば人間と変わらない声で歌ってくれ

るほどの精度にはなっていません。**調教**と表現される細かいチューニング作業が必須です。このチューニング作業をAIが実施できるようになってきたということです。今後は、楽曲を発表するときに、必ずしも人間の歌手は必要でなくなるかもしれません。また、コストの高いアナウンサーを廃し、原稿の読み上げを**音声合成アプリ**に任せるケースなども増えています。

　こうした技術は、新しいサービスやエンタテイメントの可能性を拓くものですが、他方で危険性も指摘されています。あまりにも顔認証の精度が高いと、街の各所にある監視カメラなどを使って人の行動が追えてしまうのではないか、画像の生成が上手すぎると**フェイクニュース**（偽情報）などを作られるのではないか、といった不安からです。

　**ディープフェイク**に関する一連の報道は、そういった不安が杞憂でないことを示しています。**ディープラーニング**技術を用いてフェイク動画を作ること、その結果作られた動画のことをディープフェイクと称します。

　アメリカの大統領がとんでもない内容のスピーチをしているディープフェイクや、人物の顔を差し替えた成人向け動画のディープフェイクが作られ、流通しました。多くの人が驚いたのは、それが本物と見紛うばかりの出来だったからです。著名人や著名キャスターによるディープフェイクのニュース画像などを作れば、たくさんの人を煽動したり、偽情報を流したりすることができるかもしれません。

　YouTubeやFacebookなどコンテンツ産業の大手企業はディープフェイクを見抜くための対策技術の開発に大金を投じていますが、ディープフェイクを作る側も研鑽を続けているので、技術開発のいたちごっこが続いています。いまだ決定打がないのが実情です。この問題に対処するためには、私たち一人ひとりがAIのリテラシーを高めることが重要です。

# 5-4 │ AIの技術とは

## コンピュータ自ら学習する機械学習

AIのシステムは作るよりも育てる方が大事だと言われています。一般的なプログラムのように、作った瞬間から100%の性能を発揮するわけではなく、学習させることで目的の動作を行えるようになっていきます。

過去のAIでは、たとえば数字の8とアルファベットのBを見分けるAIを作るときに、技術者自身が「Bは左に位置する部分が直線だ」などと学習させていました。将棋のAIであれば、「玉のまわりには、金銀3枚で防御陣形を作るべきだ」などとやるわけです。これには、大変な手間がかかりました。

この大変な部分を自動化したのが、**機械学習**[※7]です。データを与えると、そのデータを使って自動的に学習してくれます。これでAIを育てることが、極めて楽になりました。AIの飛躍的な発展（**非連続的進化**）の大きな要因になっています。

用語解説 [※7]

**機械学習（Machine Learning）**
AIにデータを与えて自動的に学習させる手法の総称です。主なものに教師あり学習と教師なし学習、強化学習があります。

## 教師あり学習、教師なし学習

機械学習の方法は、学習のもとになるデータによって、大きく2つに分類することができます。**教師あり学習**と**教師なし学習**です。教師あり学習では、お手本データを用意します。「その写真に写っているのはネコか」を判別するAIを作るのであれば、ネコ写真とそうでない写真を大量に集め、学習させます。「これはネコだ」というお手本があるわけです。将棋AIであれば、プロ棋士の棋譜はお手本になります。プロの差し手に近い手がさせるように、自らを調整していくわけです。

いっぽう、「データを特徴によって分割するAI」であれば、お手本はいらないかもしれません。クラスのデータをたくさん学習させてみたら、くっきり2つに分割することができた。これは陽キャと陰キャに違いない、などと活用するパターンです。

一般的に教師あり学習は、「AIにこういうふうに振る舞わせたい」という希望（例：プロ棋士みたいに将棋を指させたい）がある場合に使います。お手

---

本データによって、それに近づけていくわけです。

　教師なし学習はあるデータの中から特徴を抜き出すようなケースで用います。目的によって、どの手法を使うかを選んだり、組み合わせたりするのです。

　ただし、教師あり学習のお手本データを用意するのは、簡単な作業ではありません。膨大な量のデータが必要になるので、AIに何をさせたいかによっては一から自分で作るしかないかもしれません。比較的簡単そうなネコの画像にしても、10万点集めてこいと言われたら途方に暮れると思います。

## 強化学習

　その他の機械学習の方法も学んでおきましょう。**強化学習**は何度も試行錯誤して、最もよい結果（報酬）を得られた行動を覚えていく手法です。「**報酬の最大化**」がキーワードになります。

　たとえば、ブランコこぎロボットを作ったとして、ブランコのこぎ方AとBを試してみます。こぎ方Aのときはブランコを勢いよくこげたけれども（報酬が大きかった）、こぎ方Bではそれほどでもなかった（報酬が小さかった）のならば、こぎ方Aのほうがいいんだ、と学んでいきます。人間の学習方法とよく似ています。私たちも自転車に初めて挑戦するときなど、こんなやり方で乗り方を覚えたのではないでしょうか。

　先ほど、教師あり学習のところで将棋AIを取り上げましたが、実際の機

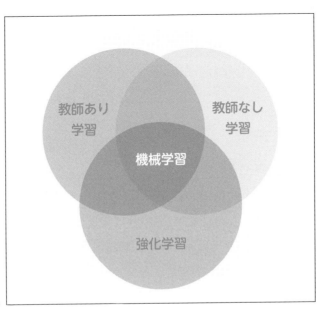

図5-8 機械学習の分類

械学習の現場ではいくつもの方法を組み合わせているので、将棋AIは強化学習も使っています。

　この局面で指し手Aで勝てた(報酬が大きかった)、でも同じ局面で差し手Bでは負けた(報酬が小さかった)ので、次からは差し手Aを選択しよう、と自分の行動を差し手A側に強化していくわけです。

## 深層学習(ディープラーニング)

　**深層学習(ディープラーニング)** は、**ニューラルネットワーク**を4層以上にした機械学習の方法です。ニューラルネットワークは人間の**脳の構造**を真似たモデルです。

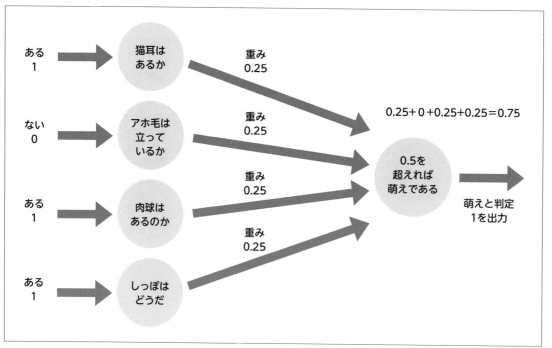

図5-9 深層学習(ディープラーニング)

　上図は、「そのキャラはケモノ系の萌えか否か」を判別するニューラルネットワークです。ネコ耳はあるか、アホ毛は立っているかなどの入力を点数化し、閾値を超えたなら「これは萌えだ」と判断しています。

　もしも、「萌え」と判定したキャラが、実際にはあまり萌えていなかった場合には、「アホ毛はあまり萌えに寄与していないのかもしれない」などと考え、アホ毛の重みを下げてニューラルネットワークを組み直します。

この例はすごく簡略化したものですが、人間の脳も局所的にはこういう構造で出来上がっていると考えられています。図5-9は2層構造ですが、これが4層以上に深くなったものを深層学習と言います。ディープラーニングと言い換えた方が有名でしょうか。

　ディープラーニングは様々な分野で機械学習の効率と精度を飛躍的に向上させました。特に画像解析とは相性が良いと言われています。

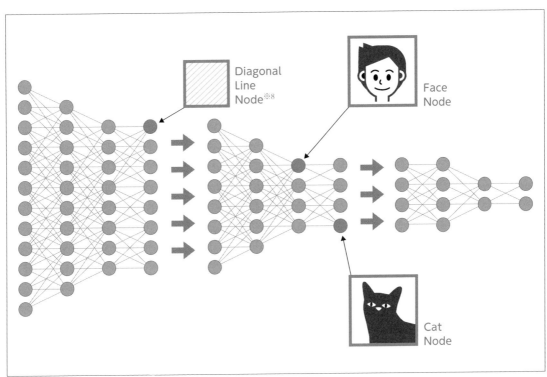

図5-10 画像解析とディープラーニング

　これは2012年にGoogleが発表した論文※9からの引用です。YouTubeの大量の画像を使ってディープラーニングを行ったものです。最初の段階では画像の中から輪郭などを抽出していますが、階層が深くなった部分では「どこが顔であるか」、「その顔はなんの生き物の顔か」を判別していることがわかります。

注意 ※8
「特徴的な線」などを抽出します。

ワンポイント ※9
Q. V. Le, "Building high-level features using large scale unsupervised learning," in Proceedings of ICML'12, 2012.

## 転移学習

　**転移学習**といって、ある分野で育てたAIを別の分野に転用する研究も盛んです。ネコの判別ができるようになったAIは、犬の判別をするAIへと応用できるかもしれません。もちろん、そのまま犬が見分けられるようになるほど甘くはありませんが、少なくともゼロからもう一度育てなおすよりは効率よくやれそうです。今後、AIを社会のさまざまな活動に用いるにあたって、重要な技術だと目されています。

　過去には、Made in Japanがブランドであった時代がありました。工作精度が重要だったので、綺麗にモノを作る技術が高い日本で作られることに価値があったのです。

　技術革新が進み、どこで作っても一定の工作精度が得られるようになると、Designed by Appleがブランドになりました。アップルがデザインすることが重要なのです。このとき、デザインとは単に見てくれのことだけではなく、設計思想なども含む概念です。

　今後はどこで育てられたAIなのかが重要になると言われています。大量の人的資源を有し、データを取得しやすい環境にある中国がこの分野で有利だとされており、今後は**Trained in China**[※10]がブランドになるのかもしれません。

**用語解説**　[※10]
Trained in China
中国で育てられた技術。

# 第6講

# データを読み、説明し、扱う

# 6-1 | データの種類を知る

## データの種類を知って正しく扱う

　データ、と一口に言いますが、扱い方を間違えると大変なことになります。平均年齢が20代と聞いて婚活パーティに出かけてみたら、0歳児とご高齢者しかいないかもしれません。

　データがあると、これが証拠だ！と鬼の首を取ったようないい気分に浸れるので、間違ったデータで何かを確信してしまった状態は、データを持っていないよりも危険かもしれません。本講ではデータの種類や扱い方について知っていきましょう。

## 連続データと離散データ

　**連続データはアナログデータ**、**離散データはデジタルデータ**と呼ばれます。近年では「デジタル」が情報化の意味でも使われているので注意が必要です。「デジタル革命」は何となくわかりますが、「離散革命」では一家が離散したみたいです。

　連続データはデータが連続的で、離散データはデータがとびとびであると考えてください。たとえば、よくできたアナログ時計だと秒針がとても滑らかに動いて、1秒と2秒の間にもたくさんの時間が流れていることが実感できます。

　一方でデジタル時計では、まるで1秒と2秒の間には時間がないように扱われます。飛び飛びなのです。だから、デジタルが偉くて、アナログが古いわけでもありません。データの性質や表し方が違うだけです。

　たとえば、身長や体重は連続データとして扱うことができます。サイコロの出目は離散データになるでしょう。1.5とか、1.75といった目は出ないからです。

## 質的データと量的データ

　その数字は何を表しているかの分類です。まず**質的データ**からいきまし

ょう。このデータは数字で示されているからといって、量を表してるわけではありません。食べ物の入った引き出しには1を、飲み物の入った引き出しには2の番号をつけておこうと思ったとき、その1や2はラベルとして機能しているだけで、別に数字でなくてもいいわけです。アンケートで、血液型Aなら1、Bなら2、Oなら3、ABなら4などとやる場合も同様です。「ほお、B型はA型より大きいのか」などと思うと変になります。これを**名義尺度**といいます。

　質的データのうちでも、並び順に意味があるものは**順序尺度**といいます。たとえば、地震の震度には0から7までが設定されています。これは、数字の順序に意味があります。震度1より震度3の方が大きい地震です。でも、震度3が震度1の3倍揺れるわけではないので、数値として足し算やかけ算をすることには意味がありません。これも別に数字でなくてもよいのです。だから以前は、震度1を**微震**、震度3を**弱震**などと言っていました。でも、数値で表すとどちらが大きいか一目瞭然で便利です。アンケートで、すごく好き・・・5、まあまあ好き・・・4などとなっているのは順序尺度です。5は4より好きの度合いが大きいですが、4より1.25倍好きなわけではありません。

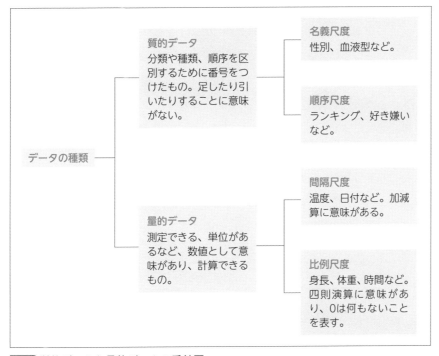

図6-1 **質的データと量的データの系統図**

**量的データ**になると、計算の対象になってきます。そのデータの間隔に意味があるものを、**間隔尺度**といいます。目盛りが等間隔であると言ってもいいでしょう。摂氏温度は間隔尺度です。1℃と2℃の間、14℃と15℃の間はどちらもきちんと1℃です。これを足したり引いたりすることにも意味があります。間隔尺度は、値の比には意味がないことに注意しましょう。1℃が2℃になったからといって、倍暑くなるわけではありません。

　値の比に意味がある量的データを比例尺度といいます。身長や体重は比例尺度です。10kgと11kg、20kgと21kgの間はどちらも1kgで等間隔であるのに加えて、20kgは10kgの倍の重さになります。

　間隔尺度と比例尺度の区別がつかなかったら、0が持つ意味について考えてみてください。比例尺度において0とは、それが存在しないことを意味します。0kgだったら質量がありませんし、0cmだったら長さがありません。いっぽう0℃という温度は確かに存在して、-1℃にも-2℃にもなっていきます。だから、絶対温度は比例尺度になります。絶対零度は温度がない状態（原子の振動が止まる状態）だからです（量子力学の考え方だと、振動は止まらないですが）。

### column　データを扱うときの注意点

　データを扱うときは、「自分がふつうだ」と思ってしまうリスクに自覚的になりましょう。自分やその周囲の環境は皆さんにとって当たり前の事柄ですから、それを「ふつうのこと」として受け入れるのは自然です。しかし、この本を読んでAIやデータサイエンスについて学べる方は、それ自体がとても恵まれています。そこに注意を払わないと、たとえば世界的に見れば中央値にある暮らしをしている人を「貧しい」と判断してしまったり、逆にすごく頑張っても大学に進学できない状況にある人を、「努力が足りない」と理解してしまうような間違いを犯す可能性があります。先入観なく（そこが難しいのですが）データを読み解くことが重要です。

## 6-2 | 基本統計量でデータの特徴を つかむ

### 基本統計量とは

　基本統計量について学びましょう。基本統計量とは、データを見せられたときに、そのデータにはどんな特徴があるのかをよく示す値のことです。平均値や最大値、最小値などがあります。

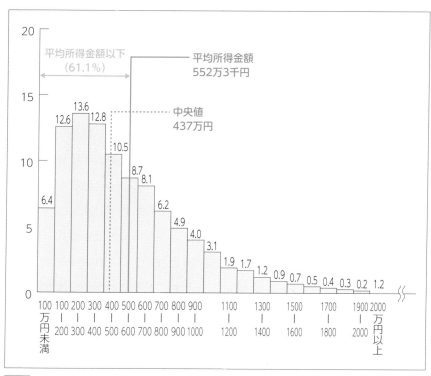

図6-2 所得金額階級別世帯数の相対度数分布（厚生労働省2019調査をもとに作成）

　上図は厚生労働省が発表している世帯別年収のグラフです。このデータから特徴的な値を読み取っていきましょう。一番年収が少ない**区間**（階級といいます）は100万円未満です。所得ですから、0円の人もいるでしょう。これが**最小値**です。一方、小数ながらたくさん稼いでいる人もいて、**最大値**は読み取れないほどです。最大値－最小値をそのデータの**範囲**（**レンジ**）といいますが、年収はとても範囲が広いデータであることがわかります。

## データの真ん中を表す指標

では、自分はどのくらい稼げるのか考えてみましょう。「まあ、ふつうくらい?」と思ったときに頼りになるのが**平均値**です。平均値は全部のデータの値を足して、データの個数で割った値です。このグラフでは、552万3千円となっています。でもこれを見て、「自分も500万円以上稼げるぞ」と断じるのは危険です。というのも、真ん中あたりに人がたくさんいて、少ない人や多い人がだんだん減っていく、いい感じの**釣り鐘型**のグラフ[※1]であれば平均値は頼りになるのですが、グラフの形が歪んでいたり、大きく外れているデータ(**外れ値**)があったりすると、平均値が「多くの人はこの辺だ」を表さないことがあるからです。

実際、このグラフを見ると、多くの人の所得は200 〜 300万円や300 〜 400万円のところに集中していて、とても平均値である552万3千円に届いていません。平均所得金額以下の人が61.1%で多数派であることも示されています。

こんなときはより強い指標(外れ値などに左右されにくい＝頑健:ロバスト)である、中央値や最頻値を使います。**中央値(メジアン)**はデータを大きさ順にならべたときに、ど真ん中にくる値のことです。1, 4, 8, 9, 10と並んでいたら、このデータの中央値は8です。データの個数が偶数の時は真ん中の2つを足して2で割ります。たとえば、1, 5, 7, 10であれば、5＋7＝12、12÷2＝6で、6が中央値になります。所得のグラフでは中央値は437万円になっていて、「多くの人はその辺」である実態に近くなっています。

**最頻値(モード)**も頑健な値です。データの個数が最もたくさんある値のことです。所得グラフの場合は、200 〜 300万円の階級が一番データの個数が多いので、ここが最頻値になります。「多くの人はこのくらいの所得だよ」と言われて、納得できる値です。

**ワンポイント** [※1]

統計学では「正規分布」と呼ばれるグラフです。

## データの散らばり具合を見る

データの散らばり具合を**分布**といいます。分析しようとしているデータが、どのような分布になっているかを知ることは重要です。分布を視覚的に表現するためには、先ほどの所得グラフのような**ヒストグラム**[※2]を使いま

**用語解説** [※2]

**ヒストグラム**

度数分布を表すグラフで、柱状グラフともいいます。図示することで、度数分布表の特性を直感的に把握することができます。

す。また、1つ1つのデータから平均値を引いた値のことを**偏差**といいます。平均からそのデータがどのくらい離れているかを表す数です。単に平均値を引くと－や＋の値が出てきて面倒なので二乗[3]します。

ワンポイント ※1
たとえば、「－3」を二乗すると「9」となるため、－の符号をなくして＋の符号のみで計算することができます。

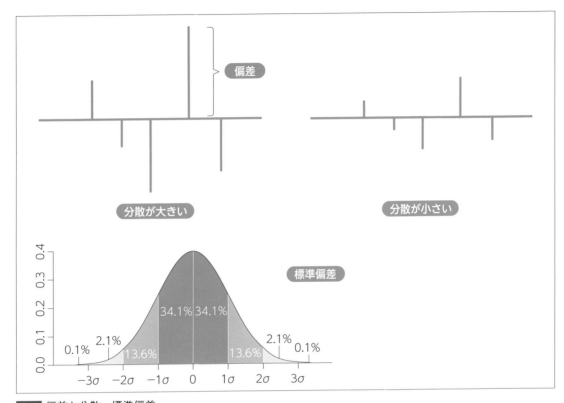

**図6-3** 偏差と分散、標準偏差

これを全部のデータに対して行い、足していったものが**偏差平方和**です。それをデータの個数で割ると**分散**になります。分散を見ると、そのデータが平均値からどのくらい散らばっているかがわかります。

ただ、分散は二乗してしまっているので、元のデータと単位が合致しません。そこで分散の正の平方根をとって、元のデータと単位を合わせます。これが**標準偏差**です。

たとえばテストで、10点、20点、30点、40点、50点、60点、70点、80点、90点、100点を取ったクラスと、10人全員が55点を取ったクラスでは平均値は55点で同じになりますが、前者の分散は916.6667、標準偏差は30.2765に、後者の分散は0、標準偏差も0で、まったく異なる性質を持つデータであることがわかります。

# 6-3 | もととなるデータを集める

## 母集団と標本

あなたが科学レポートを書くために、「友だちが1日に何回おならをしているか」を調査したいとします。このとき一番正確なデータが得られるのは、「全校生徒全員に聞いて回る」やり方です。これを**全数調査**といいます。

しかし、全数調査には欠点もあります。とても手間やお金がかかりますし、あまり全員に聞くことにこだわると通報されたりするかもしれません。そこで、現実的な方法として、一部の人にだけ聞く**標本調査（サンプル調査）**[4]が選ばれることが多いです。

先の例で言うと、全校生徒が**母集団**（全体）で、そのうちの一部の人（**標本**）にだけ聞き取り調査をすることになります。手間もお金もかからない標本調査ですが、一部を調べて全体を推測するやり方ですから、どうしても誤差が出てしまいます。やたらと消化器の具合がよくておなら回数の多い人や、おならを我慢することがポリシーの人を標本として選んでしまう可能性があるからです。

## 標本誤差

また、同じ母集団から、異なる標本を抜き出して2回調査をしたとして、その2回の結果が同じになることもほぼありません。これを**標本誤差**といいます。

誤差が生じることは避けられませんが、誤差が大きくなると正しく母集団を推測することができなくなり、間違った分析をしてしまうことになります。誤差を可能な限り小さく留めることが大事です。

## 無作為抽出

誤差を少しでも小さくする方法として、母集団から標本を抜き出すときに完全に**ランダム**（でたらめ）にするとよいことが知られています。これを**無作為抽出**といいます。たとえば、異性におならのことを聞くのが恥ずかしく

**用語解説** [4]

**標本調査（サンプル調査）**
調査したい対象から一部分を抜き出して、対象の全体を推計するための調査方法です。調査したい対象を母集団、抽出した部分を標本、またはサンプルといいます。手法には、無作為抽出法、有意抽出法があります。なお、全部を調査することを全数調査といいます。

て同性だけに聞いて回ったり、おならの話題を共有しやすい荒くれ者だけに聞いて回ったりすると、**偏ったデータ**になって誤差が大きくなります。

　これは場合によっては盲点になりやすいので、気をつけてください。ネットのアンケートで電子書籍のことを聞けば、読んでいる確率は高くなる可能性があります。電子書籍を読まない人はそもそもあまりネットに触れておらず、ネットのアンケートに答えられないかもしれないからです。

　また、全員が回答してくれるとも限りませんから、必要な標本数に対して多めの調査を行います。また、1週間の推移を記録してくれと言っているのに、「火曜日の計測を忘れました」(**データの脱落、欠損**)などと言ってくる輩も出てくるでしょう。そのときには、その人のデータを不採用にしたり、他のデータの平均値などで埋めることがあります。その方法は状況に応じて決めますが、こちらは不採用で、こちらの人は平均値で埋めようなどと、データの取り扱いが**二重基準(ダブルスタンダード)**[※5]になってはいけません。

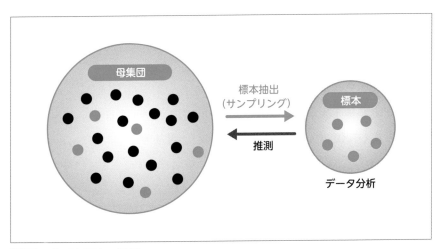

図6-4　母集団と標本の関係

---

**用語解説**　※5

**二重基準**

ダブルスタンダード(Double Standard)ともいい、同じことをしても一方ともう一方で別の基準を適用することをいいます。たとえば、仲間と部外者、国内向けと外国向けなどです。男性と女性で評価の基準を変えるといったジェンダー不平等もダブルスタンダードのひとつです。

# 6-4 | 集めたデータを集計する

## クロス集計

**用語解説** ※6

**クロス集計**
データを集計する際、2つ以上の項目をかけ合わせて集計する方法をいいます。たとえば、売上データから商品を購入した客の年齢層と性別に分けて集計することで、より精密な分析を行うことが可能です。

**クロス集計**[※6]とは、2つ以上のデータをかけあわせて表にまとめる集計方法です。その結果できあがった表のことを、クロス集計表と呼びます。たとえば、次のクロス集計表は、SNSを週に何回使っていますか？ 何歳ですか？ の2つのデータから作られています。

|  | 10代 | 20代 | 30代 | 40代 | 50代 | 60代 |
|---|---|---|---|---|---|---|
| 毎日 | 13 | 19 | 11 | 6 | 3 | 2 |
| 4〜6日 | 4 | 1 | 3 | 9 | 7 | 3 |
| 1〜3日 | 2 | 0 | 4 | 3 | 8 | 5 |
| 使わない | 1 | 0 | 2 | 2 | 2 | 10 |

2つの項目をクロスさせることで、データへの理解が深まります。1つ1つのデータであれば、SNSを週に何回使っているかは平均でしかわからなかったかもしれませんが、年齢のデータとクロスさせることで、「SNSはわかものを中心に使われているのか！」と知見が深まりました。

グラフ化することで、さらにわかりやすい形で示すこともできます。

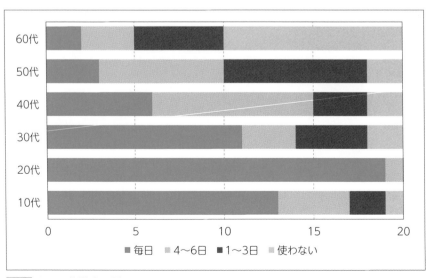

図6-5 クロス集計表の例

クロス集計は、Excelのピボットテーブル機能を使って、簡単に作成することができます。レポートなどで活用してみましょう。

## 相関関係と因果関係

ある事象が起こると、それにつられて別の事象が起こるなら、その2つの間には**相関関係**があります。友だちがトイレに行くと、自分もトイレに行きたくなるなら、両者は相関関係にあるわけです。

このとき、片方が大きくなると、もう片方も大きくなるなら**正の相関**、片方が大きくなると、もう片方は小さくなるなら**負の相関**と言います。

身長が大きくなると、概ね体重も重くなるでしょうから、身長と体重には正の相関がありそうです。友だちがイケメンになるほど、妬ましくて好感度が下がるなら、イケメン度と好感度は負の相関があります。

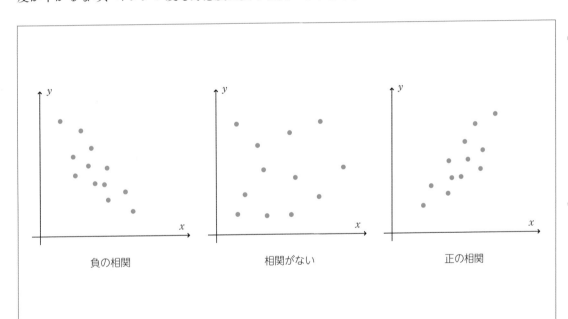

負の相関　　　　　相関がない　　　　　正の相関

図6-6 正の相関、無相関、負の相関の散布図

このとき、相関関係と**因果関係**を混同しないように、細心の注意を払う必要があります。因果関係とは、ある事象に引きずられて（**原因**）、別の事象が巻き起こること（**結果**）です。イケメン（原因）がバレンタインデーにチョコをもらう（結果）ことには、因果関係があります。因果関係があるときは必ず相関関係にありますが、相関関係があるからといって、必ずしも因果関係にはならないことには気をつけてください。

たとえば、アイスクリームの消費量と溺れる人の数には**相関**があります。でも、だからといって、「そうか！ みんなでアイスクリームを食べることを自粛すれば、溺死者が減るぞ」と分析したら誤りになります。また、「たくさん人が溺れると、アイスを買ってもらえるのだな！」とレポートを書くのも間違いです。この2つは相関していますが、どちらかが原因になって、どちらかの結果を導いているわけではありません。

ちなみにアイスの例は**疑似相関**[※7]といって、どちらも夏の暑さに原因があります。暑いからアイスを食べ、暑いから泳ぎに行って溺れるのです。アイスを食べるから溺れるわけではありません。

因果関係がある場合でも、その方向には注意しましょう。イケメンだからチョコがもらえるのです。チョコを買って自分に与えていればイケメンになれるわけではありません。

**用語解説** [※7]

**疑似相関**
　2つの事柄が無関係なのに、第3の要素によって、意味のある関係を結んでいるかのように見えてしまうことです。

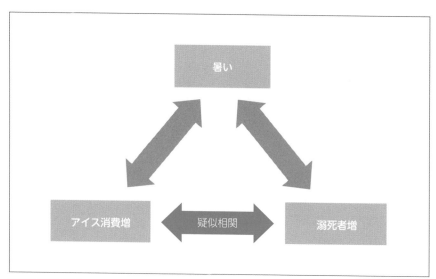

図6-7　疑似相関

## 地図上の可視化

地図にデータを重ねることで、データへの理解が深まることもあります。手法としては古典的ですが、作るのは難しく、面倒でした。しかし、いまはITのツールを使えば、簡単に地図上の可視化が行えます。

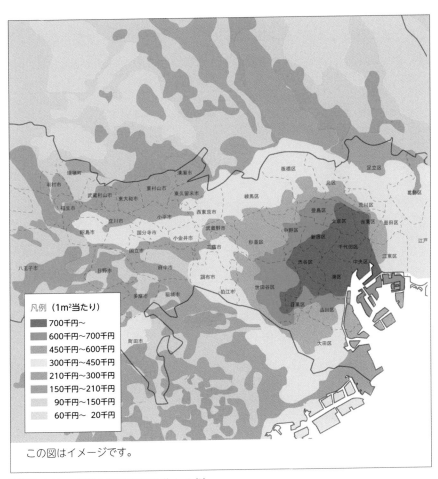

凡例（1m²当たり）
- 700千円～
- 600千円～700千円
- 450千円～600千円
- 300千円～450千円
- 210千円～300千円
- 150千円～210千円
- 90千円～150千円
- 60千円～ 20千円

この図はイメージです。

**図6-8** 土地の価格を地図で可視化した例

たとえば土地価格データなどは決して読んでいて面白いものではありませんし、分析するのも難しいですが、地図にプロットすると「やっぱり都心は高いなあ」「主要交通網の沿線もいい線いってる」などと気づくことができます。

# 6-5 | 誤読しないデータの読み方、データの比較方法

　データを扱うときは、読む人を騙したり、戸惑わせたりしないように注意しましょう。自分がデータを読むときに騙されるのもいけません。

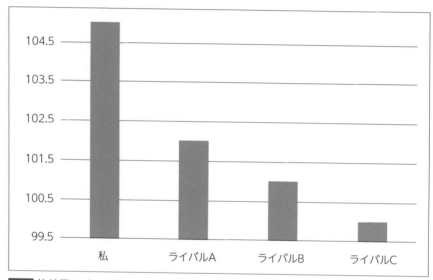

図6-9 比較用のグラフA

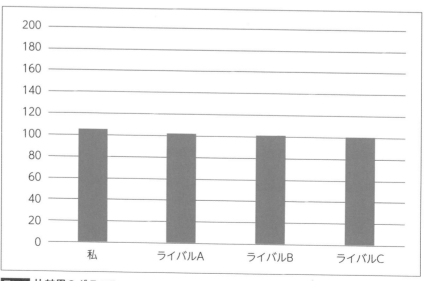

図6-10 比較用のグラフB

92

　この2つのグラフを見てどういう印象を持つでしょうか？ まったく違うグラフに見えますか？

　実はこの2つは同じデータから作ったグラフです。目盛りの振り方を変えただけで、このようにまったく違った見た目のグラフを作ることが可能です。私だったら、自分の成績の良さを誇るなら上のグラフを提出しますし、ミスの数をごまかすなら下のグラフを提出します。グラフの見た目など、いかようにもいじることができるので、目的に合致した図表を誠実に作ることがとても重要です。

　テレビのCMなどで目盛りもふっていないようなグラフを見かけることがありますが、意味がありません。正しくデータを読み取れないからです。ただ見た目が綺麗だったり、インパクトを与えるためだけのグラフは**チャートジャンク**と呼ばれて、科学の世界では忌避されます。

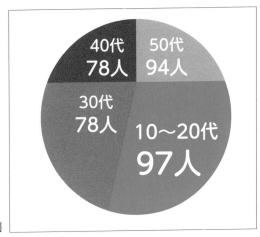

図6-11 チャートジャンクの例

　人間は技術を使うことで様々な力を獲得してきました。技術なしで現代の人類を語ることはできません。技術が多くの問題点をはらんでいることは事実ですが、それを効率的に解決していくのもまた技術です。

　その意味で、新しい技術を試すことには是非貪欲になってください。人間は慣れ親しんだものが好きですが、たとえば紙とハンコにこだわることでとんでもなく非効率で楽しくもない働き方を続けることに意味はありません。

　また、「技術を入れればいいんだろ」ということで、ハンコを電子証明書に置き換えても、「書類の受付は対面だけが正式な手順だ」というルールがあれば、たぶん何も変わりません。新規技術の導入やDXというのは、単に機械やデバイスを入れれば完了するものではなく、考え方やルールも含めて改革することではじめて効果を生み出します。

　一方で、新しいものに無批判に飛びつくのもよくありません。たとえば、ブロックチェーンでSDGs（持続可能な開発目標）に貢献しよう！という運動があったとします。ブロックチェーンは非中央集権や透明性に特徴があるシステムです。これまでブラックボックスだった金融機関や政府のシステムをブロックチェーンで置き換えれば、世界中の誰もが中身を確認できるようになる可能性があります。「それなら、あらゆるシステムをブロックチェーンにすれば、不正や無駄がなくせるのでは？」と発想するのは自然です。

　しかし、ブロックチェーンは従来型のシステムより動作が遅かったり、莫大な電力を消費することが知られています。ブロックチェーンはコストがかからないと言われることもありますが、それは非中央集権型なので「すべてを負担する中央の誰か」がいないという意味です。ブロックチェーンが正確に動いていることを検証する作業（マイニング）には、世界中の多くの人が参加するためその人たちが少しずつ電力や設備などを負担していることになります。

　ブロックチェーンの代表例であるビットコインは金融のしくみですが、個々のマイニング作業すべてを加算すると小さな国家一つ分ほどの電力を使っています。これを色々なしくみに転用したとき、そのしくみが持続可能かどうかは不安が残ります。

　また、ビットコインはお金のしくみ（仮想通貨）なので、マイニングに参加した報酬がまさにビットコインによって支払われることで運営が支えられています。これが食べ物のトレーサビリティのしくみに適用されたときに、一体誰がマイニングに参加してくれるのか？　といった問題も抱えています。

　こうした問題点も、いずれは技術が開発していくでしょう。しかし、新しい技術が登場したときに、その技術の良い面だけに目を向けて、やみくもに導入するようなこともまた、避けなければなりません。皆さんは是非、技術との上手な付き合い方を身につけてください。

# 第7講

# データ・AIを扱うときに
# 注意すること

# 7-1 | データ活用の負の側面

## かゆいところに手が届くビッグデータの活用

　ここまで、データを活用することによって、新しく生じる価値について学んできました。データとその活用は私たちの生活を豊かで楽しく、創造的なものにしてくれるでしょう。しかし、よい面だけを持つ技術は存在しません。

　自動車は人間のあり方を変えるほど便利で有用な道具ですが、交通事故で怪我をする人をも生み出しました。電気を扱えば感電するかもしれませんし、化石燃料を使った発電は環境に負荷を与えるかもしれません。

　データサイエンスやAIもそうです。第7講では、これらを扱うときの負の側面や注意すべきことについて述べていきます。

　まず、**データ活用の負の側面**です。データ活用自体はメリットがあるのです。データを活用することで、かゆいところに手が届くようなサービスが実現できたり、安価になったりします。

　「高級旅館のおもてなし」や「コンシェルジュサービス」は、サービスの担い手が利用者のことを知り尽くすことで成立しています。だから、オーダーをする前に好みのドリンクが提供されたり、苦手な物を除いた料理を出してくれるわけです。

　しかし、これをすべてのビジネスで行うことは困難です。また、実現できたとしても高コストになります。エコノミーホテルや安さが売りのアパートにコンシェルジュは置かれません。

図7-1 「ビッグデータの活用」が
ピンとこなかったら、コン
シェルジュを想像しよう

でも、ビッグデータやAIを使うと、極めて低いコストで同じことが行えます。100円ショップでだって、「××さん、今月31回目のご来店ですね。いつものお値打ちおにぎりですか？」と言ってもらえる可能性があります。

## 自分のデータが勝手に記録され、保存される

それはいいことかと問われれば、いいことになる可能性もあるでしょう。でも、ビッグデータやAIの怖いところは、これはまさかデータを取られたりしないだろうと感じるようなちょっとしたサービスでも思いがけず**行動が記録**されていたり、残したくない活動を**知らないうちに保存**されたりする可能性があることです。

たとえば、オンラインショッピングで、まだ迷っている段階なのに「これまでの行動から、この人が**ポチる**ことはほぼ確実である」と判断され、知らないうちに発送が始まっていたらびっくりすると思います。しかし、それを実現する技術[※1]を特許として持っている企業があります。

どうも友だちより職務質問にあう機会が多いなと感じていたら、実は「ふだんの行動があぶなっかしいので、おまわりさんはいつもあなたに注目しています」という状況だったら、不愉快を通り越して怖くなります。

これから生体に関するデータの活用が進んだら、知りたくもない自分の**予測余命**まで知ってしまう羽目になるかもしれません。

いやな気持ちになるだけでなく、保険料や住宅ローンの金利まで、「あなたは変な行動をしがちなので、人よりちょっと高くしますよ」と言われたら人生が不利になってしまいます。それが合理的だと考える人もいますが、秘密にしておきたいことは秘密にする権利があると考える人もいて、まだ結論が出ていない状況だと考えてください。ただし、この問題への関心は年々高まっていて、グーグルやフェイスブック、ツイッターなどに自分の人生をすべて知られることに怖さを感じる人が増えています。

フェイスブックが**感情についての実験**をしたことも、こうした世論への後押しになりました。彼らはある利用者グループのタイムラインには楽しい話題が、別の利用者グループのタイムラインには哀しい話題が表示されるようしました（**A/Bテスト**[※2]）。すると、楽しい話題を見た利用者はその日一日の活動が活発になり、哀しい話題を見た利用者は逆の反応を示しました。これが高度化すると、感情や行動を操られてしまうかもしれません。

**ワンポイント** [※1]

オンラインショップのWebサイトでは、Webページのどの画像の上に、マウスのカーソルを何秒間置いていたか、といったデータまで取得されています。ユーザの行動情報と、さまざまなマーケティング知識を組み合わせることで、提示される広告などが次々と変化していきます。

**用語解説** [※2]

**A/Bテスト**

何かを試すグループと従来型のコントロールグループに対して行う比較試験のことです。たとえば、デザインの異なるAとBのWebページを配信し、それぞれのクリック率を集計して効果を比較し、どちらが優れているかをはかります。

# 7-2 | GDPR、忘れられる権利、ELSI、オプトイン・オプトアウト

## EUの取り組み

こうした状況から身を守ろうという機運は、EUを中心に高まっています。EUでは長い議論の末、2018年に**GDPR**[※3]（**General Data Protection Regulation：一般データ保護規則**）が定められました。その目的は、個人が自分のデータをコントロールできるようにすることです。

センサーやデータマイニング技術が発達して、自分も知らないような自分のことを、巨大IT企業は知っている状況が生まれました。知らないところで自分のデータが収集され、処理されているわけです。

それにはメリットもあることは先に記した通りですが、どんなところでどんなふうに使われているのか知り、修正したり差し止めたりする権利を謳ったのがGDPRです。EUに拠点があるデータ管理者、データ処理者、個人の義務や権利なので、私たちにも大きな影響を及ぼします。欧州とやり取りをする企業などではこれに従う必要があります。また、EEA（European Economic Area）から第三国へは原則として個人データを持ち出すことができません。

**ワンポイント** [※3]
欧州はデータの活用に保守的とみられていましたが、2020年代は産業データの活用を目指すと目標を掲げました。GAFA（グーグル、アマゾン、フェイスブック、アップル）の独走に対する懸念がうかがえます。

## GDPRの定める権利

GDPRで謳われている権利は、他の法律やガイドラインにも影響を及ぼしています。基本的な考え方を理解しておきましょう。

表7-1 GDPRが定める主要な権利

| | |
|---|---|
| データへアクセスすること | 自分のデータがどう処理されているか知る権利 |
| 異議が唱えられること | 自分のデータの処理について、異議を唱える権利 |
| 訂正をすること | 自分のデータを正しく更新する権利 |
| 制限をすること | 正しくない処理が行われているとき、それをブロックする権利 |
| 消去をすること | 不要になったデータや同意を取り消したとき、自分のデータを消去する権利 |
| データポータビリティ | 自分のデータを持ち出したり、他の企業に移動する権利 |

**データを消去する権利**は日本でもよく報道されているので、記憶してい

る方も多いでしょう。この考え方自体は以前からありましたが、行使できるのはデータの取り扱いに不備があったときなどに限られていました。

　GDPRでは個人データを収集した目的が達成されたり、個人がデータ処理への同意を取り消すことで、それが合理的であると認められればデータを消去することが可能です。ただし、犯罪者が自分の罪の痕跡を消すことなどに悪用するのではないか、との懸念も示されています。

## ELSIとSTEM

　**ELSI**はEthical, Legal and Social Issuesの略語です。日本語に訳すと、**倫理的、法的、社会的課題**になります。AIやデータサイエンス、脳科学などが発展する中で、仮に技術的にそれが可能だったとしても、作ってしまっていいのか、世の中に送り出してしまっていいのかなどを議論するものです。

　新しい技術に法律が追いついていないとき、どのような法律を作るかは倫理がベースになります。一方で、どんなに厳格な法律があって、それを守っていたとしても、社会がその技術を受け入れられないのであればやはり問題が生じます。これらを一括して扱うのがELSIです。

　**STEM**（Science, Technology, Engineering and Mathematics：**科学、技術、工学、数学**）と並んで、ELSIもこれからの教育で重視されるべきものとされています。STEM教育で素晴らしいサイエンスを学んだとしても、倫理や法規範、社会に疎ければ、多くの人が困る製品を生み出してしまうかもしれないからです。

## トロッコ問題

　**トロッコ問題**などを知っておいてもよいでしょう。トロッコ問題とは思考実験の一種で、暴走しているトロッコを、そのままにしておけば5人が亡くなり、切り替え器で引き込み線へ軌道を変えれば1人が亡くなるような状況でどうするかを問うたものです。

　亡くなる人の数を最小化するのであれば線路を切り替えるべきですが、すると「切り替える」という手を加えたことによって、本来亡くならなくていい人が亡くなることになります。いくら死者を4人少なくできたといっても、これは殺人なのかもしれません。

　こうしたことは情報技術の知識と議論だけでは解決することができない

重要で複雑な問題ですが、自動運転などが一般化するならば必ず考えなくてはならないことでもあります。AIやデータサイエンスが進展する社会においては、社会の成員1人1人がSTEMとELSIの素養を育んでおくことが重要です。

図7-2 トロッコ問題

## オプトイン・オプトアウト

オプトインとオプトアウトは、意思の示し方についての用語です。**オプトイン**は受け入れることを表明し、**オプトアウト**だと拒否することを表明します。たとえば、広告メールは無制限に送られてくると迷惑なので、その送り方には定めがあります。

取りあえず送りつけてくるけれども、そのメールのなかに拒否する手段が含まれているやり方だとオプトアウト、そもそも広告メールを送っていいかどうかを先に利用者に問い合わせ、いいよと言った人にだけ送るやり方だとオプトインになります。

日本には**迷惑メール**を規制するための「**特定電子メールの送信の適正化等に関する法律**」、「**特定商取引に関する法律**」があります。特定電子メールとは広告メールのことで、2つあわせて**迷惑メール防止2法**といいます。

最初はオプトアウトの手段が確保されていれば広告メールを送ってよいという考え方だったのですが、オプトアウトだと一度は迷惑なメールが送られてくることになりますし、オプトアウトだと思わせて「メールを受け取りたくなければここをクリック」などの偽装で**個人情報を窃取する事案**が後を絶たなかったので、法律が改正されオプトインが義務づけられました。自分が仕事に就いたときに、同意を取り付けていない人にいきなり広告メールを送ったりすることがないよう、注意しなければなりません。

# 7-3 | データの正義について

## 機械がやるから公平か？

　グーグルはかつて、「検索結果のランキングはアルゴリズムが自動的に決める。だから公平である」という趣旨の発信をしていました。その頃、ヤフーなどはまだ手作業でWebサイトを登録する手順が残っていたのです。

　でも、「機械がやるから公平」というほどシンプルなものではないことは、いまや多くの人が知っています。**SEO**（Search Engine Optimization）といって、できるだけ検索結果の上位に自分のサイトを表示させようとして、キーワードやWebページ技術、Webサイトの構造が決められます。結果的に、良質な記事ではなく、詐欺のようなサイトが検索結果の上位を占めることもあります。

　Webには大量の情報が集まります。最初はこれで情報の多様性が確保されると考えられていました。しかし、大量ゆえに、適切な情報にたどり着くためには**検索エンジン**[※4]に頼らざるを得ず、検索エンジンの1ページ目に表示されない情報はまるでこの世に存在しないかのように扱われるのが実情です。

　そうした状況下で、思いもよらないサイトや情報が上位に表示されることの弊害は小さくありません。

　たとえば、いまは修正されましたが、グーグル画像検索で「白人　少年」と検索すると、スポーツやパーティを楽しむ様子が並んだ時期がありました。一方で「黒人　少年」だと、刑務所で撮ったような写真が並ぶのです。受け取りようによっては、白人の人生が希望に満ちていて、黒人に生まれると辛いことばかりが続くような印象を与えかねません。実際にいまそのような格差や差別があるのだとしても、情報技術はそれを固定したり助長したりするのではなく、是正していくことにこそ使われるべきでしょう。それを考えると、「機械がやるから公平」は、ただそれだけで成り立つような簡単なものではないのです。

**用語解説** [※4]

**検索エンジン**
インターネット上の情報を蓄積し、利用者の求めに応じて最適な検索結果を回答するシステムです。代表的な検索エンジンがGoogleです。

## AIの判断は正しい?

　もう1つ、別のエピソードを紹介しましょう。アマゾンは先端的な企業らしく、人事採用にAIを活用していました。しかし、その試みは2015年に中断されます。AIが採用において女性差別をしたからです。

　先のグーグルの例に倣えば、AIには差別感情などないはずです。感情を持つような高性能なAIはしばらく出てきません。それなのに、差別的に振る舞ってしまいました。それはなぜでしょうか。

　AIが過去のデータから学んだからです。IT企業は歴史的に男性社会でした。当然、優秀だったり、高位にまで出世する人も男性が多くなります。するとそのデータから優秀な人、出世する人は男性である確率が高い、という知見を導き出してしまい、採用の場で男性によい点をつけてしまうのです。

　これでは、女性がどんなに優秀でも、このAIの選考を通り抜けることは難しくなってしまいます。AIに悪意はなくても、学ばせるデータによっては「正しくない」行動を取ってしまうことがあります。データに**バイアス**[※5]がかかっているからです。私たちはデータを取得して、活用するときにこの点に自覚的でなければなりません。

　私たちは将棋やチェスで、人間の最高位プレイヤがAIに負ける様子を見てきているので、ともすればAIのやることは正しいのだろうと思考停止してしまいがちです。しかし、どんなしくみでも、批判的な視点で観察したり、中身はどうなっているのだろうと不思議に思うことは重要です。その態度を持つことで、社会が知らぬうちに不公正や不公平になってしまうことを防ぐことができます。

## 道路標識を誤認させる攻撃

　もっと問題になるのが、データのねつ造や改ざんです。それがよくできたAIであっても、データをでっちあげたり、不当なものに書き換えたりすれば、作った人が想像もしなかった動作をさせることができます。

**用語解説**　※5

**バイアス**
データ分析の結果に偏りが生まれる要因。代表例に先入観や偏見などがあります。

© UNIVERSITY OF WASHINGTON

図7-3 自動運転車を騙すシール ※6

ワンポイント ※6
ワシントン大学の研究チームによる実験。右折の標識に似た実物大の画像を印刷し、既存の標識の上に重ねたところ、「制限速度45マイル」の標識として誤認識されました。

　たとえば、自動運転車はカメラから得られる映像などから、道路の構造や交通状況を把握して自車を制御します。しかし、道路標識に簡単なシールを貼るだけで、自動運転車の操舵を誤らせることができます。

　もちろん、自動運転は発展途上の技術ですから、これからこうしたノイズ情報に惑わされない調整も進んでいくでしょう。しかし他方で、AIを学習させる手法も洗練されていきます。たとえば、**敵対的生成ネットワーク**では、ある目的を持つAIと、その逆の目的を持つAIを対立させることで、学習効率を上げています。「敵」という言葉が使われていますが、それ自体は学習のための工夫で、ライバルがいるようなものです。しかし、これを悪用すると、自動運転車を騙すための専門のAIなども開発できることになります。

## 人間中心のAI社会原則

　トランプ政権が誕生したときの選挙戦では、**ディープフェイク**が問題になりました。本物のような嘘演説、偽記事が世界を駆け巡りました。SNS各社は嘘を見抜くためにAIを活用していますが、騙そうとする側もAIを使ってより精巧な**偽情報**を作りだしています。

　だからこそ、私たちはAIやデータサイエンスを活用しつつも、その取り扱いには細心の注意を払う必要があります。

　内閣府が公表している「**人間中心のAI社会原則**」はこうした状況に対応するためのガイドラインの1つです。世界に先駆けて日本が検討し、定めました。

**表7-2** 人間中心のAI社会原則（内閣府）

| | |
|---|---|
| 人間中心の原則 | AIは人間の能力や創造性を拡大する |
| 教育・リテラシーの原則 | AI弱者を生まないよう、教育に取り入れる |
| プライバシー確保の原則 | 個人データやそれを活用したAUは個人の自由や尊厳を侵害しない |
| セキュリティ確保の原則 | AI利用のリスクを正しく評価し、リスク低減に取り組む |
| 公正競争確保の原則 | 特定の国にAIを集中させない。データ収集や主権の侵害をしない |
| 公平性、説明責任、及び透明性の原則 | AIによる人種、性別、思想信条などの差別をしない |
| イノベーションの原則 | Society5.0を実現し、人も進化する。国際化、多様化、産官学民連携を推進する |

用語解説 ※7

**ブラックボックス**

たとえば、パソコンを使っているが、装置やプログラムのことはよくわからない、といったように内部が明らかでないものをブラックボックスといいます。

　AIは複雑であり、その学習も自動的に行われるようになっているため、作った人にとっても中身がよくわからない**ブラックボックス**[※7]になっていると言われることがあります。しかし、AIを使って行われるサービスや製品にも責任が求められることは明らかです。

　人間中心のAI社会原則にもあるように、私たちがAIに触れ、作り出すときには、公平性、透明性、説明責任、プライバシーとセキュリティを正しく実装しなければなりません。同時に、使う立場に立ったときも、これらがきちんと守られているか見極めるスキルを持つことが重要です。

# 第8講

# データ・AIにまつわる
# セキュリティ

# 8-1 | 情報セキュリティの基礎

## セキュリティとは

どんなシステムでもそうですが、AIやビッグデータを扱う上でも**セキュリティ**は重要です。第8講ではセキュリティの基本的な知識と技能を身に付けていきましょう。

セキュリティとは、「**経営資源を脅威から守り、安全に経営を行うための活動全般**」です。わかりにくければ、経営資源を「だいじなもの」、脅威を「害になるもの」と考えて大丈夫です。この言い方だとビジネスの側面が強調されていますが、「だいじなものを、害になるものから守り、安心して暮らしていくためのあれこれ」と書き直せば、ふだんの生活にも同じことが言えますし、生きることそのものがセキュリティだと言ってもいいでしょう。

特に頭に情報をつけて、「**情報セキュリティ**[※1]」と表すと、コンピュータに関連した狭い分野の話題だと誤解しがちなので、その点は注意してください。情報セキュリティをしっかりしろと言われたので、コンピュータのことばかり守っていたら、大事な情報が**紙の書類**から漏れていたなどの笑えない実例がたくさんあります。

逆説的ですが、セキュリティのことを考えるときには、**リスク**[※2]から攻めていくことがあります。たとえば、幼稚園の子に「安全に登園しなさい」と指示しても、実行はなかなか難しいでしょう。

しかし、あの角には怖い犬がいるよとか、そのお店のおじいちゃんはつかまると話が長いよだったら、うまく避けていくかもしれません。

## セキュリティでは「リスク」に注目

一般論として安全はつかみどころがありませんが、危険は具体的で把握しやすいです。

**安全（セキュリティ）**と**危険（リスク）**は対置概念で、シーソーのような関係を結びますから、「安全にしよう」が難しいときは、「危険をなくす」を行えば、自動的に安全な状態を作れます。それで、セキュリティでは「リスク」が

重要なキーワードになるのです。

　このとき、リスクは危険と考えてしまって大丈夫です。先端的な議論では、リスクとは単に危険なだけでなく、**不確実性**のことだと定義することがあります。**予想外によかったこと**も、リスクに含める考え方です。

　そういう議論をしていくことは大事ですが、セキュリティの入門の段階ではリスクは単に危険のことだと考えておいた方がすっきりしてわかりやすいと思います。

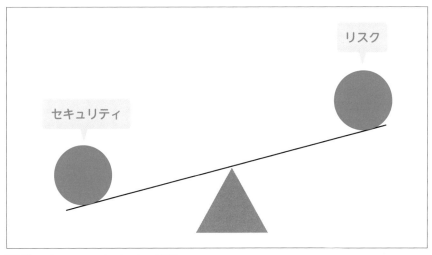

**図8-1** セキュリティとリスクの関係

## 経営資源（情報資産）、脅威、脆弱性

　さて、「リスク」に注目することで、セキュリティがちょっとわかりやすくなりました。それでも、まだ何が危険かはピンときません。そこで、リスクをもっと分解します。経営資源（情報資産）、脅威、脆弱性の3つです。

　**経営資源**は、要するに「**だいじなもの**」です。セキュリティで守る対象です。もうちょっとコンピュータに着目していることを言いたい場合には、「**情報資産**」などと呼ぶこともあります。

　なぜ、だいじなものが危険なのかと腑に落ちない人もいると思います。でも、お金を持っていない人より、持っている人のほうがどろぼうに狙われるのと同じで、だいじなものがたくさんある状態はそれだけでハイリスクです。

　セキュリティの最初の一歩は、**経営資源を漏れなく把握する**ことです。大事なものが何かわかっていなければ、守りようがないからです。どこに何

が置いてあるかわからない部屋（大学の研究室あるあるです）などは、セキュリティ的には最悪です。その場合、**資産管理台帳（会社の持ち物リスト）**を作ることがはじめのセキュリティ活動になります。

コンピュータやデジタルデータだけでなく、紙の書類や現金、会社の信用、ブランドなどが経営資源に含まれます。特にブランドなどの無形のものは見落としやすいので、注意が必要です。

**脅威**は、経営資源や情報資産に害をなすもの全般です。脅威の取り扱いが難しいのは、経営資源ごとに脅威が異なる点です。現金にはどろぼうや火事が脅威ですが、コンピュータにとってはハードディスクの故障のほうが怖いかもしれません。

脅威がどろぼうだけだったら、セキュリティ対策はずっと楽だったことでしょう。でも、現実には多種多様な脅威が、資産ごとにあるため、そのすべてを網羅しないと有効な対策が打てないことになります。「網羅」は重要なキーワードです。セキュリティ対策に中間点はありません。たとえば、10個の扉があって、9個に鍵をかけ、1つかけ忘れたとします。このとき、9／10だからよくできたほうだ、とは考えません。どろぼうは、確実にかけ忘れの1つを狙ってくるからです。

網羅漏れがないように、脅威にも色々な種類があることを覚えておきましょう。セキュリティは、「経営資源を脅威から守り、安全に経営を行うための活動全般」ですから、機器の故障も自然災害も脅威になり得ます。落雷対策や治水も、セキュリティの活動です。

**脆弱性**は、自組織が脅威に対して持ってしまっている弱点です。脆弱性はふだんあまり耳にしない言葉ですが、漢字も含めて覚えてください。「火事に対して、消火器がない」、「どろぼうに対して、鍵をかけ忘れた」、「マルウェアに対して、セキュリティ対策ソフトがない」などが脆弱性になります。

## リスクの顕在化

経営資源（情報資産）、脅威、脆弱性はリスクの要素ですが、お金（資産）を持っていたからといって、ただちにどろぼう（脅威）に狙われるわけではありません。経験的に、経営資源、脅威、脆弱性の3つが重なってしまったときに、リスク（危険）の度合いがとても大きくなることが知られています。これを**リスクの顕在化**といいます。

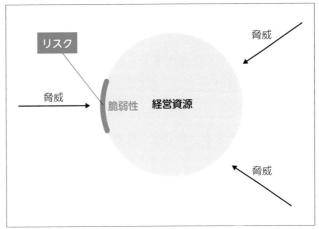

**図8-2** リスクの顕在化

　言い方をかえれば、3つ揃わなければリスクは深刻な水準にはなりません。したがって、セキュリティ対策とは、経営資源、脅威、脆弱性のどれかをなくす活動だと言い換えられます。

　なくすものはどれでもいいのですが、実際問題として経営資源や脅威はなくせません。お金(資産)を全部寄付してしまえば、どろぼうに狙われるリスクは減るでしょうが、明日の生活に困ります。

　どろぼうや火事(脅威)のない世の中は理想ですが、すぐに根絶することは無理です。したがって、自分の弱点である脆弱性が、3つの要素の中では一番減らせる可能性が高いものになります。

## セキュリティ対策の手順と受容水準

　**セキュリティ対策**とはほとんどの場合、脆弱性をなくしていく活動です。

　みなさんがセキュリティ対策をするとして、その手順を思い浮かべてみましょう。セキュリティ対策の手順は、**識別→評価→対応**の順に進んでいきます。

　識別は、もれなく脅威を見つけ出すことです。評価は、見つけた脅威に順番や点数をつけることです。すべての脅威に対応することはできません。お金も時間も足りないからです。また、セキュリティに労力を注ぎ込みすぎて、本業が疎かになる本末転倒も起こります。

　そこで、「その脅威がどのくらいまずいのか」を**点数化**します。災害時医療の現場では、重症度によって治療の順番を決める**トリアージ**[※3]が行われますが、同じことです。リスクの大きなものから優先的に対応していきます。

用語解説 [※3]

**トリアージ**
大災害などで多数の負傷者が発生した時などに、重症度によって搬送や治療の優先順位を決めることを言います。

リスクをゼロにすることはできませんし、しようと努力するべきでもありません。しかし、組織として「これより大きなリスクは、許容できない」一線があって、これを**受容水準**といいます。

受容水準は会社によって異なります。リスクを取ってがんがん攻める企業や、信用商売なので少しでも危険の芽を摘んでおきたい企業などがあるからです。自社の受容水準をどこに設定するかは、**経営層の重要な仕事**[4]の一つです。

受容水準がきちんと決まっていれば、リスクを評価した結果、水準を超えてしまっているリスクに一つひとつ対応していくことができます。受容水準を超えているリスクがすべて水準内におさまるようになるまで、リスク対応を繰り返します。

リスクにきちんと対応することはとても大事です。近年では社会のしくみは情報システムに依存する度合いが高まっているので、1つ事故を起こしてしまうと、その被害額は簡単に億単位になってしまいます。たった1行、プログラムのコードを間違えて、機密情報を一般公開してしまい、数十億の損害を出した企業もありました。

**ワンポイント** [4]
世界標準のセキュリティ規約でも、このことが謳われています。わざわざ謳われているということは経営層はあまりセキュリティを自分の仕事と思っておらず、「若い技術者に任せとけばいいんでしょ?」などと考えている人が多いということです。

## リスクへの対応方法

リスクへの対応方法は、大きく分けて4つあります。**リスク回避**、**リスク移転**、**リスク保有**、**リスク低減**です。そのリスクで想定される被害の大きさと、そのリスクがどのくらいの頻度で起こるかで、4つのうちどの方法をとればいいかが定まります。右図はその関係を表しています。

**リスク回避**は、被害額が大きく、頻度も高いリスクに対して選択されます。ひどくリスクが大きいのであれば、リスクの元を絶ってしまう発想です。高い効果がありますが、副作用も大きい方法です。「会社が倒産するのが怖いから、会社の経営をやめてしまう」ような方法だからです。リスクは減らせますが、メリットの可能性もなくしてしまいます。

**リスク移転**は、被害額が大きいけれども頻度は低いリスクへの対策です。典型的な例は保険で、自動車事故のような大損害を出したときに、保険会社がお金を肩代わりしてくれます。もちろん、タダでは肩代わりしてもらえないので、ふだんから保険料を支払っておくわけです。

**リスク低減**は、被害額は小さいけれども、頻度が大きいリスクへの対策

です。技術的なしくみなどで、そのリスクを小さくします。だいじなファイルのバックアップなどは、リスク低減です。オリジナルのデータを壊してしまっても、バックアップがあれば復元できます。

**リスク保有**は、被害額も小さく、頻度も低いリスクに対してよくとられる方法です。リスクを理解した上で(ここが重要です。知らずに放置するのはリスク保有ではありません)、そのままリスクを持ち続けます。たとえば、損害が軽微なので、損害額より対策費の方が大きくなってしまうようなケースで使われます。

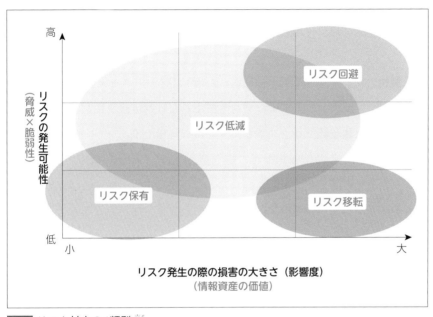

図8-3 リスク対応の4類型 ※5

**出典** ※5

IPA情報処理推進機構「情報セキュリティマネジメントとPDCAサイクル」より(https://www.ipa.go.jp/security/manager/protect/pdca/risk.html)

# 8-2 | 情報のCIA

## 機密性、完全性、可用性

　情報分野に絞ってセキュリティを考えたとき、「情報が脅威から守られて、安全な状態」とは、**機密性**（Confidentiality）、**完全性**（Integrity）、**可用性**（Availability）が維持されていることなのだ、という考え方があります。

　機密性、完全性、可用性の頭文字をとって、これを「**情報のCIA**」と呼びます。

　**機密性**とは、その情報に「許可された者」だけがアクセスできることを指す用語です。鍵のかかる部屋は鍵さえ盗まれなければ機密性があります。パスワードや生体認証でロックされたスマホも同様です。

　**完全性**とは、その情報が不正に書き換えられたり、消されたりしていないことを指す用語です。書類を直したところに訂正印を押すのは、悪意の第三者が改ざんしたわけではないこと、すなわち完全性があることを示すためです。

　**可用性**とは、その方法を使いたいときに、いつでも使える状態にあることを指す用語です。メンテナンスばかりしていてちっともガチャがまわせないソシャゲには可用性がありません。

　もっとも、最近ではこれに真正性、追跡性、否認防止、信頼性を足そうという動きもあって、少しややこしくなっています。

## 多要素認証

　また、機密性を守る手段としてのパスワードも過信しないようにしてください。パスワードは、「この合言葉は秘密だ」、「だから合言葉を知っている人は本人だ」という本人確認手段です。知識を使った確認手段と言い換えることもできます。物（鍵や身分証）を使った確認手段に比べると、漏洩しやすい特徴があります。また、それを防止しようとすると、パスワードを長く複雑にりたり、頻繁に変更したり、でもそれをメモしてはいけないなどの矛盾した過大な負担を利用者にもたらします。よい手段ではないのです。

　だから、指紋や顔認証などの**生体認証**に置き換える動きや、パスワードを入れるだけではダメで、スマホに確認メッセージが送られてくるような多要素認証があるわけです。**多要素認証**だと、たとえばパスワード(**知識**)とスマホ(**物**)の両方を持っていないと本人だと認めてもらえないので、攻撃者にとってはハードルが高くなっています。

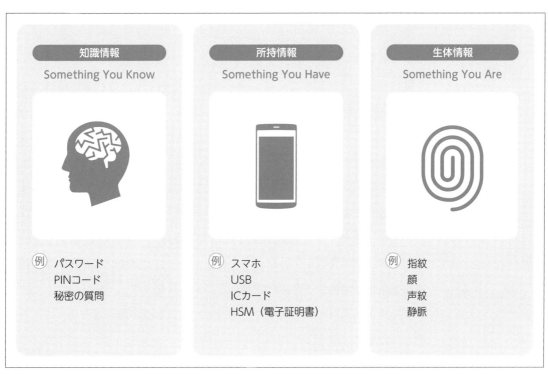

| 知識情報 | 所持情報 | 生体情報 |
| --- | --- | --- |
| Something You Know | Something You Have | Something You Are |
| 例 パスワード<br>PINコード<br>秘密の質問 | 例 スマホ<br>USB<br>ICカード<br>HSM（電子証明書） | 例 指紋<br>顔<br>声紋<br>静脈 |

図8-4 認証に用いる情報の種類

　このとき、**第1パスワード**と**第2パスワード**を入れさせるようなしくみは、多要素認証ではありません。どちらも知識を使っているので、漏洩するときには一緒に漏洩すると考えられます。第1パスワードが漏れているなら、きっと第2パスワードも漏れていることでしょう。同じように、暗号化されたファイルがメールで送られてきて、その暗号を復号するパスワードも後からメールで送られてくるようなしくみにも意味はありません。最初のメールと2通目のメールの両方とも盗聴される可能性が高いからです。

# 暗号化と匿名加工情報

## 暗号化とは

　情報のCIAを学びましたが、インターネットのような共有回線では、機密性や完全性を維持するのは大変です。

　電話回線などと違って、インターネットでやり取りされる情報は、その途中でどのサーバを通過するかわかりません。インターネットは善意のバケツリレーのようなものなので、メールやファイルを送り出す段階ではどんなルートを通っていくかわからないのです。

　他にもWi-Fiなどは電波を使っていますから、誰でも受信ができてしまう怖さがあります。

　かといって、インターネットを電話のようなしくみに作り替えると、インターネットの良さが失われてしまいます。そこで、インターネットで機密性や完全性を維持するために使われるのが**暗号化**です。

　データが送られている途中で、第三者がそれを読み取ってしまうことを**盗聴**といいます。

　インターネットはしくみ上、盗聴を防ぐことは難しいのですが、送り出す情報を暗号化しておけば、仮に悪意の第三者が盗聴に成功したとしても暗号が解読できず、意味のある情報は取り出せないことになります。

　Webページを見るための通信（**HTTPS** [※6]）はすべて暗号化される方向にあるなど、暗号通信はインターネットの世界で確実に普及しつつあります。

**用語解説** [※6]

**HTTPS**
Webページをやり取りするための通信プロトコル（通信ルール）をHTTPと呼びます。そこに暗号化の手順を組み込んだものがHTTPSです。

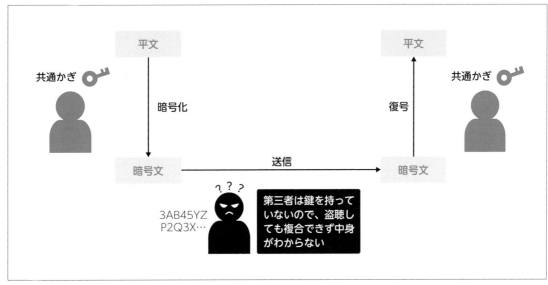

**図8-5** 暗号のしくみ（共通鍵暗号方式）

　暗号のもとになる情報のことを**平文**といいます。平文を**暗号化手順**（**暗号アルゴリズム**）と**鍵**（暗号を作ったり、元に戻したりするための情報）によって**暗号文**にします。暗号文を元の平文に戻す（**復号**といいます）ことができるのは、暗号アルゴリズムと鍵を知っている正規の受信者だけなので、途中で誰かに盗聴されても安心というわけです。

## 個人情報の保護と匿名加工情報

　AIやデータサイエンスで重要視されるセキュリティ要素として、**個人情報の保護**や**匿名加工情報**について知っておきましょう。自分にまつわる個人データ、特に人種や思想信条、医療など、知られることによってダメージがあるかもしれない情報をしっかり秘密に守ることはとても重要です。

　AIの発展によって、これらの情報から「この人はあと何年生きるだろう？」、「こういう性格なら、採用はなしにしよう」、「こういうメールを出したら、すぐに物を買いそうだ」などと推測されてしまう可能性が高くなりました。知らないところで自分の人生が分岐点を迎えたり、操られたりしないために個人情報の保護は重要です。

　いっぽう、個人データを活用すると、社会をもっとよくすることにも使えます。より適切な交通網を考えたり、感染症の予防をしたり、応用がきく範囲は年々拡大しています。「守りたいけれど、使いたい」この悩ましい状況

を解決する策が、匿名加工情報です。

　個人データのうち、特定の個人を識別できてしまう情報を加工し、個人に結びつかないデータにしてしまいます。この匿名加工情報は、法律に従ったやり方で作られていれば、本人の同意がなくても企業間でデータをやり取りしたり使ったりして構いません。

　企業からすると、漏洩のリスクに怯えたり、本人に同意を取り付ける負担なく、データを活用できる下地が整います。個人の視点では、自分だとわかる部分は消えているので、安心してデータを使ってもらうことができます。

　いままでは活用が困難だったデータも使われやすくなり、社会が活性化したり、**イノベーション**※7 が起こったりするかもしれません。

**用語解説** ※7
**イノベーション**
オーストリアの経済学者シュンペーターの唱えた経済発展の概念です。現在では「技術革新」という意味で用いられています。

# 第9講

# 統計と数学のきほん

# 9-1 | AIに必要な数学

## AIの理解には数学が必要

　AIを形作る機械学習やデータサイエンス（統計）のすべては**「数値」**を計算することによって成り立っています。AIの考え方を理解して活用させていくためには、AIの根底にある**数学**[※1]を理解する必要があります。AIと聞くと人間の脳をコンピュータでそのまま再現しているように思われがちですが、実際はそのようなことはありません。AIはデータの傾向を数学的に厳密に計算することで、人間が考えているような精度で物事を判断したり推論したりすることができているのです。つまり、**AIとは数学の力を借りることで、あたかも人間が考えているように見えるように作られた知能機械**であると言えます。本講では、AIの思考方法を理解するために必要な数学について学んでいきましょう。

## 誕生日のパラドックス

　私たちは普段の生活の中で、自分自身の**直感**[※2]にもとづいて、さまざまな物事を判断して行動しています。そんな直感にもとづく人間が、なぜAIに物事を判断させようとしているのでしょうか。それは**人間の直感が数学的な正しさと乖離する場面**があるからです。

　たとえば、**「教室に何人の学生がいれば、誕生日が同じ学生がいる確率が50%を超えるか」**という問題を考えてみましょう。人間は直感的に、相当多くの人数が必要だと感じます。365日の半分の183人が必要だと考える人が多いのではないでしょうか。

　しかし、数学的な正しさはたったの23人です。23人の学生が教室にいれば、同じ誕生日の人が1組存在する確率が50%を超えるのです。

　教室にいる学生の人数が増えると、確率はもっと高まります。41人で90%を超え、70人で99%を超えます。

　教室に複数人がいるときに、誕生日が同じペアが存在する確率は、人間の一般的な直感に反していることから**「誕生日のパラドックス」**と呼ばれてい

ます。人間の直感的には、にわかには信じがたい話なのですが、この答えは数学的に簡単に証明することできます。

教室に2人の学生がいるとします。2人の誕生日が**異なる確率**を考えます。1人目の学生の誕生日は365日のどれでも構わないですが、2人目の学生の誕生日は「365－1＝364日」のどれかです。2人目が1人目と異なる誕生日の確率は「364÷365」となります。

教室に3人の学生がいるときに、3人目の誕生日が他の2人と異なる確率は「363÷365」となります。

3人全員の誕生日が異なる確率は、「364÷365」と「363÷365」をかけ合わせることで求められます。そして、この計算を教室にいる人数の分だけ繰り返し、**最後に「1」から引けば**[※3]、教室の中で同じ誕生日の学生がいる確率を求めることができるのです。

**ワンポイント** ※3

全事象Uの中で、事象Aに対して「Aが起こらない」ような事象のことを「余事象」と呼びます。事象Aの余事象は、事象Aの確率を1から引くことで求まります。

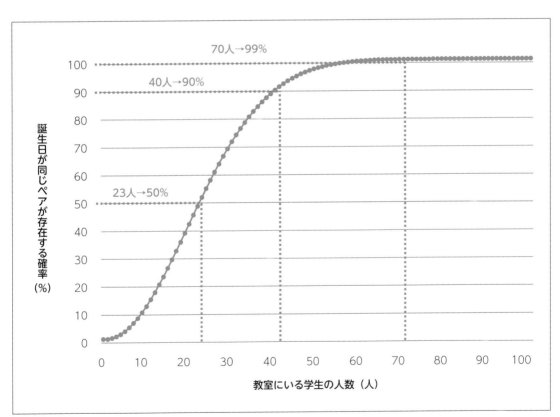

**図9-1** 誕生日のパラドックス

## クーポン収集問題

　ガチャガチャ、食玩商品、ソーシャルゲームのアイテム課金などの「**等確率でランダムに封入されているものについて、どのくらい買えば全種類手に入れられるのか**」という問題も、人間の直感と数学的な正しさが乖離しやすい事例の代表格です。

　たとえば、ガチャガチャの全100種類の景品を全種類集めるために、ガチャガチャを247回まわしたところ、92種類の景品を集めることができたとします。ガチャガチャをあと何回まわせば残りの8種類を揃えることができるでしょうか。人間の直感的にはあと少しで揃いそうなものですが、この問題の数学的な正しさは271回となります。

　ガチャガチャを247回まわして92種類集めたとしても、100種類を全て集めるためにはさらに271回まわさなければならず、まだ折り返し地点であるということです。ガチャガチャなどで最初は少額だけ支出するつもりが、いつの間にか高額になってしまう理由は、**人間の直感が最初のうちに集まりやすいと錯覚**[※4]してしまうためでもあります。この答えが導かれる過程は本書では割愛しますが、この問題は「**クーポン収集問題**」と呼ばれる数学の有名な問題ですので、興味のある人は調べてみてください。

　「誕生日のパラドックス」や「クーポン収集問題」以外にも、人間の直感と数学的な正しさが乖離しやすい場面はいくつも存在します。そのため、人間は自分の直感だけを信じないで、数学的な正しさを持つAIの力を借りて、物事をより正確に捉えようとしているのです。

## 数え上げ

　すべての数学の基本は物事の「**数え上げ**[※5]」にあります。私たちは普段の生活の中でさまざまな物事を数えています。たとえば、公園にいる鳥の数を数えたり、トランプの手札の枚数を数えたり、イベントまでの日にちを数えたりしています。これらの行為は、数えたいものを**整数に対応付ける**ということです。整数に正しく対応付けられた物事は「**データ**」と呼ばれます。AIを作るためにはデータが必要不可欠なので、AIを学ぶ人は物事の正しい数え方を身につける必要があります。

　物事の数え上げでは「未カウント」と「ダブルカウント」に注意する必要が

**注意** [※4]
スマートフォンのゲームには、ガチャガチャのようにランダムにアイテムを集める課金サービスがあります。金銭感覚の伴わない小中学生が熱中して課金し続けると、翌月の請求額が高額になりすぎてしまいます。そのため、日本オンラインゲーム協会は、毎月の課金可能上限額を5万円までに制限しています。

**ワンポイント** [※5]
簡単そうに見える数え上げが、いかに難しいことであるかを表す話として「フカシギのかぞえ方」という面白い動画があります。YouTubeなどで検索すると見ることができますので、興味のある人は検索してみてください。

あります。**未カウント**とは、物事のすべてを数え尽くさずに、いくつかを数え落としてしまうことです。まだ数えていないものがあるのに、全部数えたと判断してしまう失敗であり、データが欠けてしまう原因となります。**ダブルカウント**は、すでに数えたものを、また再び数えてしまうことです。一度数えたのに、まだ数えていないと判断してしまう失敗であり、データが重複する原因になります。

数え上げは簡単そうですが、意外に失敗しやすいものです。たとえば、「長さ10メートルの道に、端から1メートル間隔で電柱を建てるときに、電柱は合計で何本必要か」という問題を考えてみてください。この答えは10本ではありません。正しい答えは11本となります。

端から1メートル間隔で電柱を建てるということは、端からの距離が0,1,2,3,4,5,6,7,8,9,10の位置に建てるということです。10÷1として計算して答えを10本と間違えやすいですが、10÷1は電柱の本数ではなく、電柱と電柱の間隔の個数を意味します。

この問題は「**植木算**[6]」と呼ばれる有名な問題です。AIを作る際に、プログラミングの配列の機能を利用する場面で、この植木算の考え方が必要になります。

未カウントやダブルカウントに注意しながら、さまざまな物事を「数える」という能力はデータサイエンティストには必須となります。日頃からいろいろな物に目を向けて、**自分が数えたいものを整数に対応付ける練習**をしてみてください。

**用語解説** [6]

**植木算**
植木算の問題は、小中学の受験問題で頻出の問題です。大人であっても数え間違えをしてしまうため、工事現場や植林作業の時に、電柱や木が1本足りないということがたまに起こるそうです。

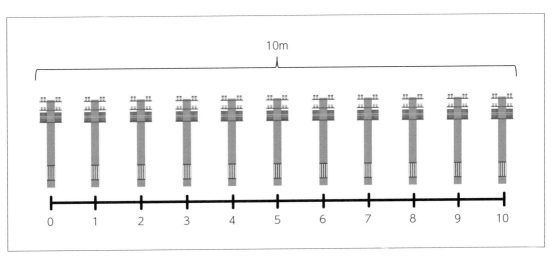

10m

| 0 | 1 | 2 | 3 | 4 | 5 | 6 | 7 | 8 | 9 | 10 |

図9-2 植木算

## 「集合」と「場合の数」

AIはさまざまな物事を確率的な事象として捉えています。人間がAIの考え方を理解するには、「**確率**」という数学をしっかりと理解する必要があります。そして確率の理解のためには「**集合**[※7]」と「**場合の数**[※8]」の学習が欠かせません。まず、これらを学んでいきましょう。

いくつかの物事から構成される集まりのことを「**集合（Set）**」と呼びます。そして、集合に含まれる中身のことを「**要素（Element）**」と呼びます。たとえば、複数の大学生が集まってできている集合が「大学」であり、大学という集合の要素が「大学生」となります。また、集合から一部を抽出してできる集合のことを「**部分集合（Subset）**」と呼びます。たとえば、大学生の集合から「文学部の学生」のみを抽出したり、「工学部の学生」のみを抽出したりしたものは部分集合となります。

ある事象（出来事）が起こる可能性の総数のことを「**場合の数**」と呼びます。場合の数は、集合から特定の条件に該当する要素のみを抽出した部分集合の要素数で表されます。たとえば、6人の大学生の集合Xから、男性のみを抽出すると4人のとき、集合Xから男性のみを抽出する場合の数は4となります。同様に、集合Xから女性のみを抽出すると2人のとき、集合Xから女性のみを抽出する場合の数は2となります。

**用語解説** ※7

**集合**

1から10までの自然数の集まりのように、それに含まれる「もの」がはっきりしているような「もの」の集まりのことです。「10個のケーキの集まり」は集合ですが、「おいしいケーキの集まり」は曖昧なため集合とはなりません。

**注意** ※8

場合の数には、「並べ方」「組み合わせ」「同じものを含む」「区別する」といった曖昧な概念が登場します。

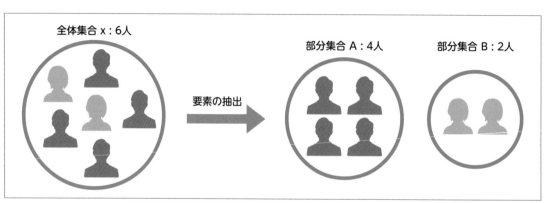

図9-3 場合の数

## 和の法則

2つの集合に分かれているものを数えるとき、場合の数には「**和の法則**（$A \cup B$）[9]」が成り立ちます。たとえば、4人の男性と2人の女性が含まれる6人の大学生の集合$X$を、男性の部分集合$A$と、女性の部分集合$B$に分けたとします。6人大学生は部分集合$A$、$B$のどちらかに必ず属します。部分集合$A$、$B$に同時に属する大学生は6人の中には存在しません。

大学生（事象）が2つの部分集合$A$、$B$に同時に属さないとき、2つの部分集合$A$、$B$の場合の数を足し合わせることが可能です。

たとえば、大学生は合計で何人になるかという問題を考えるときに、部分集合$A$の場合の数が4、部分集合$B$の場合の数が2なので、足し合わせると6人が求められます。

**ワンポイント** [9]
「A、または、Bのどちらかが起こる場合の数」という条件がポイントです。

---

**男性と女性の大学生を合わせると全部で何人になるか？**

男性の大学生: 4人

女性の大学生: 2人

大学生全体: 6人

図9-4 和の法則

---

## 積の法則

2つの集合から要素のペアを作るときに、場合の数には「**積の法則**（$A \cap B$）[10]」が成り立ちます。たとえば、文学部と工学部のそれぞれに対して、各学年の代表者を1人選ぶことを考えます。これは、学部（文学部、工学部）の部分集合$A$のすべての要素と、各学年の代表者(1,2,3,4)の部分集合$B$のすべての要素の組を作ることになります。

このとき、**選ばれる大学生**は部分集合$A$と部分集合$B$の両方に必ず属し

**ワンポイント** [10]
「AとBがともに起こる場合の数」という条件がポイントです。

ます。部分集合Aに属するが部分集合Bに属さない、または、部分集合B
に属するが部分集合Aに属さない大学生は存在しません。

　2つの事象（文学部と工学部、選ばれる学生）が部分集合A、Bに同時に
属するとき、2つの部分集合A、Bの場合の数をかけ合わせることが可能で
す。たとえば、文学部と工学部のそれぞれに対して、各学年の代表者を1人
選ぶと合計で何人になるかという問題を考えるときに、部分事象Aの場合
の数が2、事象Bの場合の数が4ですので、これらをかけ合わせることで選
ばれる大学生の合計が8人であることを求められます。

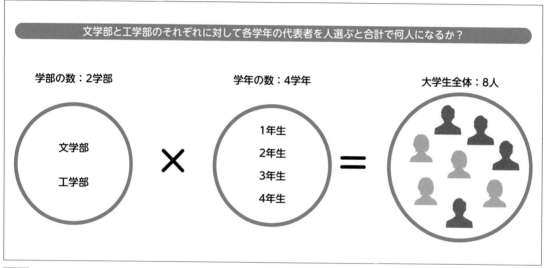

図9-5 積の法則

# 9-3 | AIに必要な確率・統計

## 確率

すべての事象の数に対する、ある事象の起こりうる場合の数の割合のことを「**確率 (Probability)**」と呼びます。確率は事象の起こりやすさを示しており、0から1までの実数値で表現されます。

「%[11]」を用いる場合は0%から100%の範囲となります。すべての事象の数が$n$通りで、事象$A$が起こり得る場合の数が$r$通りの時の確率$P(A)$は、以下の式で表されます。

$$P(A) = \frac{r}{n}$$

また、事象$A$に対して「事象$A$が起こらない」という事象を事象$A$の「**余事象**」と呼び$\overline{A}$と表します。また、余事象の確率$P(\overline{A})$は以下の式で表されます。

$$P(\overline{A}) = 1 - P(A)$$

事象$A$が起こる確率$P(A)$と、その余事象$\overline{A}$が起こる確率$P(\overline{A})$の和は必ず100%となります。たとえば、1,000枚発行される宝くじの中で当たりが20枚だけ入っている場合、宝くじが当たるという事象$A$の確率は

$$P(A) = 20 \div 1000 = \frac{1}{50} = 2\%$$

であり、宝くじが当たらないという事象$\overline{A}$の確率は

$$P(\overline{A}) = 980 \div 1000 = \frac{49}{50} = 98\%$$

となります。このとき、確率の考え方で注意をしなければいけないことは、**当たる確率が 2%の宝くじを50枚買ったとしても、宝くじが当たる確率は100%にはならない**ということです。

1回の試行につき、$\frac{1}{n}$の確率で発生する事象が、試行を$m$回繰り返したときに1回以上発生する確率$p$は以下の式で表されます。

**ワンポイント** ※11

パーセントに似た概念にパーセンタイルというものがあります。パーセンタイルは、データを大きさ順でならべて100分割に区切り、小さいほうからのどの位置にあるかを見るものです。50パーセンタイルは、小さいほうから50/100のところにあるデータという意味です。学生を身長順に100人並べて、身長が低い順に数えて50番目の人の身長が50パーセンタイルの値となります。

$$p = 1 - \left(1 - \frac{1}{n}\right)^{m}$$

$n = 50$、$m = 50$ のとき、この値は約 $0.636 = 63.6\%$ となります。つまり、**2%の確率でしか当たらない宝くじを50枚購入したとしても、約64%の確率でしか当たらない**ということです。

この式の指数部分の $m$ が大きくなると、確率 $p$ は大きくなっていきます。たとえば、2%の確率でしか当たらない宝くじを100枚購入すると確率 $p$ は約87%、150枚購入すると確率 $p$ は約95%となります。また、0.2%の確率でしか当たらない宝くじを1,000枚購入すると確率 $p$ は約86%、1,500枚購入すると確率 $p$ は約95%となります。

どちらの場合でも確率 $p$ はほぼ同じ値になりますが、購入が必要な宝くじの枚数がとても多くなることがわかります。当たる確率がとても低い宝くじやガチャガチャに挑む場合はこの点に注意して、お金や時間の無駄遣いをしないように注意しましょう。

## 確率分布

AIやデータサイエンス（統計）は「**確率分布**<sup>※12</sup>」の考え方がとても重要となります。ここでは、学習指導などでよく使われている「（学力）偏差値」を例にとりながら、確率分布の仕組みを見ていきましょう。

**偏差値**とは、すべての学生の試験の結果を順番に並べたときに、ある学生の試験の結果が、すべての学生の試験の結果の「**平均**」からどのくらい離れているかを数値で示したものです。ある学生の試験の点数が全体の平均点と全く一緒になれば、偏差値の値は50となります。そして、平均点より高い点数を取れば偏差値は50より大きくなり、逆に、平均点より低い点数を取れば偏差値は50より小さくなります。

全国の学生からランダムに1人を抽出して、偏差値がどのような値になるかを調べてみましょう。学生の偏差値は50の確率が最も高く、**出現確率**は約4%となります。学生の偏差値が50から離れるほど、出現確率は小さくなっていきます。偏差値が60（あるいは40）の出現確率は約2.4%、70（あるいは30）の出現確率は約0.5%です。偏差値が80以上（あるいは20以下）の出現確率は約0.04%となり、この学生が出現することは滅多にありません。10の間隔で学生の偏差値の出現確率を一覧にまとめると表9-1のようになります。

表9-1 偏差値の確率分布

| 偏差値の範囲 | 全体の割合 | 100万人中 |
|---|---|---|
| 偏差値20未満 | 約0.13% | 1,350人 |
| 偏差値20 ～ 30 | 約2.14% | 21,400人 |
| 偏差値30 ～ 40 | 約13.6% | 135,905人 |
| 偏差値40 ～ 50 | 約34.1% | 341,345人 |
| 偏差値50 ～ 60 | 約34.1% | 341,345人 |
| 偏差値60 ～ 70 | 約13.6% | 135,905人 |
| 偏差値70 ～ 80 | 約2.14% | 21,400人 |
| 偏差値80以上 | 約0.13% | 1,350人 |

　この確率の集合が「**確率分布**」です。確率分布とは、何らかのデータが発生する確率の一覧のことを意味します。そして、確率に従って発生する何らかのデータのことを「**確率変数**」と呼びます。

　上の偏差値の例では、全国の学生からランダムに1人を抽出したときの偏差値が確率変数となります。表9-1は、学生の偏差値の出現確率を10の間隔で一覧にまとめたときの確率分布ですが、1の間隔でグラフを描くと、偏差値50を中心とした山のような曲線になります。これは「**正規分布**[※13]」と呼ばれる確率分布の形状であり、実際のデータ分析のさまざまな場面で活用されています。

> **ワンポイント** [※13]
> 正規分布の性質を明らかにした数学者ガウスの名前をとって「ガウス分布」と呼ばれることもあります。ドイツの旧10マルク紙幣には、ガウスの肖像画とともに正規分布曲線が描かれていました。

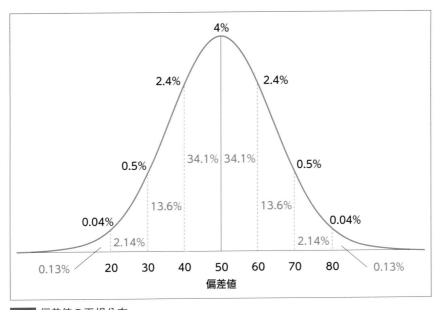

図9-6 偏差値の正規分布

　偏差値以外にも、身長、体重、降ってくる雨粒の大きさなど、人間や自然に関するデータの確率分布は正規分布に従うことが知られています。

ワンポイント ※14

度数分布を棒グラフにして
表したものを「ヒストグラム
(histogram)」と呼びます。
縦軸に度数、横軸に階級を
とった統計グラフの一種で、
統計学でよく用いられます。

手に入れたデータから確率分布を計算する方法はいくつかあります。ここでは最も単純な「**度数分布**※14」を使う方法を説明します。度数分布とは「値が同じものがいくつあるのか」をまとめたものです。

たとえば、全国の270万人の大学生から、ランダムに100万人を抽出したときの偏差値の人数の分布、つまり、度数分布は表9-1の右側の値となります。度数分布が求まったら、次は、度数をサンプルサイズの100万で割ると確率分布を求められます。

このように、データの度数分布を調べると、世の中のありとあらゆる事象に関する確率分布を求めることができるのです。

## 推測統計

データの度数分布から確率分布が計算できることがわかりました。確率分布がわかると一体何がよいのでしょうか。実は、確率分布があると世の中の未知の事象や、まだ見たことがない将来の結果を**予測**することができるようになります。ここで、確率分布に対する発想を切り替えて考えていきましょう。

**データから確率分布が計算できたと考えるのではなく、確率分布に従ってデータが発生したと考える**のです。たとえば、偏差値の確率分布では、全国の学生からランダムに1人を抽出すると、約4%の確率で偏差値50のデータが発生すると考えるということです。

AIやデータサイエンス（統計）とは「入手したデータを分析して、まだ**入手していないデータについて検討する方法**を学ぶ学問」のことです。

たとえば、オンラインショップのお客さんの過去の購買データを分析して、将来の新しいお客さんの購買傾向を予測するのは、AIやデータサイエンス（統計）の代表的な応用例です。実際のデータ分析の過程では、過去のお客さんのデータを分析することによって、データから確率分布を計算します。そして、まだ入手することができない将来のお客さんのデータについて検討するために、「過去のお客さんのデータは、計算された確率分布に従って発生した」と考えます。そして「まだ入手できない将来のお客さんのデータも、同じ確率分布に従って発生するはずである」と考えるのです。すると、まだ入手できない将来のお客さんのデータを、確率分布を用いることで大量に生成することができるので、将来のお客さんの購買傾向を予測できるよう

になります。

　この確率分布の考え方を応用すると、さまざまな物事を「少ないデータから予測」することができるようになります。たとえば、選挙に関するニュース速報などで「○○氏が開票率1%で当選確実」という情報を目にしたことがあるのではないでしょうか。これは「投票者全員の票を調べずに、全体の1%の票しか調べていないが、○○氏が当選したことは間違いない」ということです。

　「たった1%では足りないのではないか？」と思われるかもしれませんが、確率分布の考え方があれば、仮に**1万人**の投票があった場合、ランダムに選ばれた**96人分の投票結果**が分かれば、1万票全体の動向が推計できるということです。この96人という数字は、**許容誤差**10%、**信頼率**95%という条件で求められる人数になります。

　つまり、誤差が10%くらい出る可能性はありますが、95%の確率でその推定結果は正しくなるという意味です。これは、確率分布の考え方に基づいて物事を予測する「**推測統計**[※15]」と呼ばれる手法になります。料理にたとえるならば、**お味噌汁の味見をするのに、鍋一杯のお味噌汁を飲みほさなくても、少しだけ飲めばお味噌汁の味は十分に分かる**ということを、数学的に実践しています。

　この推測統計は、現在の世の中のさまざまな事象を、より少ないデータを用いて正確に予測するために重要な役割を果たしています。

**用語解説** [※15]

**推測統計**
集めたデータから表やグラフを作ったり、平均や傾向を調べることによってデータの特徴を把握する統計学を「記述統計」と呼び、母集団から一部のデータ（標本）を抜き出して、そのデータの特徴から母集団の特性を推測する統計学を「推測統計」と呼びます。さらに高度な統計学に「ベイズ統計」というものがありますが、本書では扱いません。

**ナイチンゲールとデータサイエンス**

　皆さんは**ナイチンゲール**という偉人をご存知でしょうか？ナイチンゲールは、19世紀のイギリスで活躍した看護婦であり、「近代看護の母」や「クリミアの天使」と称されています。クリミア戦争での敵、味方の分け隔てない負傷兵たちへの献身を行う中で、医療現場における看護婦の重要性に気づき、イギリスの看護婦の地位向上に貢献したことで有名です。

Florence Nightingale
参考：Wikipedia

　ナイチンゲールは看護学で有名な方ですが、生涯を通じて**統計(データサイエンス)**に強い関心を持ち、看護の仕事にデータサイエンスを積極的に活用した人物でもあります。クリミア戦争において、イギリス軍の戦死者、傷病者に関するデータを集めて分析し、**戦傷よりも病院内で発生する病気に起因する死亡者のほうが多い**ことを発見しました。つまり、病院の衛生状態を改善すれば、死亡数を大きく減少できることをデータサイエンスにより明らかにしたのです。

　しかし、ナイチンゲールが「医者を増やすよりも、看護婦を増やして病院を清潔にしたほうが、たくさんの人を救える」と主張しても、彼女の意見に耳を傾けてくれる人はほとんどいませんでした。当時の医療現場では看護婦の重要性が認識されておらず、患者を救えるのは医者だけであると考えられていたのです。

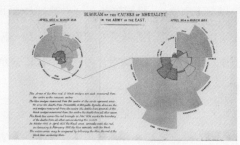

ナイチンゲールの円グラフ
参考：Wikipedia

　そこでナイチンゲールは、病院の衛生状態と死亡者の関係性を、誰が見てもわかりやすい形に可視化（グラフ化）しました。このグラフは**「ナイチンゲールの円グラフ（通称、鶏のとさか）」**と呼ばれています。そして、わかりやすく可視化されたグラフと、数学理論に裏打ちされた客観的な分析データを用いて、政府の高官に病院の衛生状態の改善を要求しました。勘や経験ではなく、データから分かる客観的な事実を、誰にでもわかりやすく伝えようとするナイチンゲールのプレゼンテーションは、政府の高官の心に響き、結果としてイギリスの病院における看護婦の地位向上につながったそうです。

　データサイエンスは、正しい手順を踏めば、誰がやっても必ず同じ結果が導かれます。データサイエンスを用いると、性別、年齢、役職などの垣根を越えて、全員が同じ土俵に立って会話をすることが可能となり、ナイチンゲールのような優れた価値創造を実現できるようになるのです。

# 第10講

# アルゴリズムとは何か

# 10-1 | AIとアルゴリズム

## アルゴリズムとは

　ここではAIの根幹をなす「**アルゴリズム**」について学びましょう。アルゴリズムという用語はあまり聞きなれない言葉かもしれませんが、簡単に説明すると、何らかの問題を解くときの「**解き方**」のことを指します。特に、「**機械学習**」と呼ばれるアルゴリズムを用いて何らかの問題を解くコンピュータプログラムのことを、私たちはAIと呼んでいます。

　画期的な機械学習のアルゴリズムが発明されると、AIがこれまでに解けなかった難しい問題を解けるようになり、社会を大きく進歩させることができます。たとえば、自動車の自動運転や、がんの悪性度判定などの難しいタスクにAIが使われるようになったのは、**機械学習のアルゴリズム**[※1]が進化したおかげです。

　以下では、ハードウェアとソフトウェアについて説明し、アルゴリズムのイメージや必要性をつかんだあと、実際の社会で応用されている代表的なアルゴリズムについて説明します。

**ワンポイント** [※1]
複雑な機械学習のアルゴリズムの中身をみてみると、数学の四則演算と、数字の「並び替え」や「検索」など複数のアルゴリズムを組み合わせて作られていることがわかります。

## ハードウェアとソフトウェア

　最初に、「**ハードウェア**」と「**ソフトウェア**」という用語について説明します。これらの用語は、統計学者の**ジョン・テューキー**[※2]が1958年に執筆した論文のなかで初めて使われました。

　ハードウェアとはコンピュータシステムの**物理的な構成要素**のことで、パソコンやスマートフォンの本体のことを指します。一方、ソフトウェアはハードウェアと対比される用語で、何らかの処理を行う**コンピュータプログラム**のことです。ソフトウェアは、人間の目では見ることもできませんし、触ることもできませんが、ハードウェアを上手に動かすことができます。

　たとえば、ソフトウェアがスマートフォンの画面に映像を表示したり、スピーカーから音を出したりすることで、電話やゲームなどのさまざまなアプリを実現することができます。ハードウェアとソフトウェアの関係は、人

**用語解説** [※2]
**ジョン・テューキー**
「ビット」、「バイト」などのコンピュータ用語や、統計学で用いられる「箱ひげ図」を発明したのもジョン・テューキーです。

132

間の身体と脳の関係とよく似ています。人間が脳の指令で身体を動かすように、ソフトウェアが指令を出すことによってハードウェアが動作するのです。

スマートフォンのゲームや、パソコンのWebブラウザなどのアプリはソフトウェアですが、WindowsやMacなどの「**OS（オペレーティング・システム）**[3]」もソフトウェアです。OSの機能はアプリより単純ですが、ハードウェアにとって重要な役割を持ちます。たとえば、スマートフォンの充電時間を管理して電池の過充電を防いだり、パソコンのファンを回してハードウェアの排熱をしたりする機能は、ソフトウェアであるOSがハードウェアを制御することで実現されています。また、OSはコンピュータ以外にも搭載されています。現在の冷蔵庫や炊飯器などの家電製品でも、OSによるハードウェアの制御が欠かせません。

> **用語解説** [3]
> **OS（オペレーティング・システム）**
> システム全体を管理し、さまざまなアプリケーションソフトを動かすための最も基本的なソフトウェア。

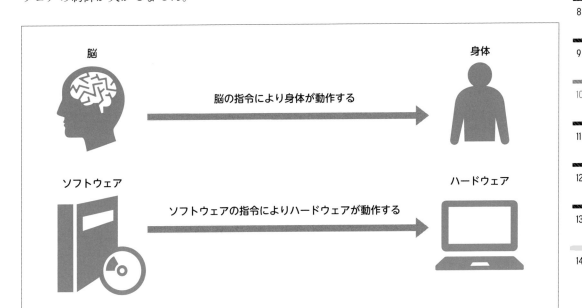

**図10-1** ハードウェアとソフトウェア

## ソフトウェアの性能を上げる

世の中にはさまざまな「**機能**」を持つソフトウェアが存在していますが、ソフトウェアには「機能」以外にもう1つ重要な観点があります。それは、ソフトウェアの「**性能**」です。たとえば、自動車を購入する時は、「道路を走る」という機能だけでなく、「最高速度」や「燃費」といった性能を考慮することが一般的です。

ソフトウェアも同様に、機能だけでなく性能のことを考慮する必要があります。ソフトウェアの性能とは、**ソフトウェアが処理結果を返すための力**のことで、代表的な指標として以下の3種類があります。

**スループット**：単位時間あたりに処理結果を返した件数
**レスポンスタイム**：処理結果を返すまでにかかった時間
**リソース**：処理結果を返すために必要な資源（CPU、メモリなど）

　高い**スループット**と短い**レスポンスタイム**を、より少ない**リソース**で達成できるソフトウェアは「優れたソフトウェア」と言えるのですが、鉄道の**路線案内アプリ**を例としてもう少し具体的に見ていきましょう。

　路線案内アプリとは、出発駅から到着駅までの経路を調べて、運賃が最も安い経路や、移動時間が最も短い経路を表示する機能を持つアプリのことです。路線案内アプリが経路を調べるためには、とても複雑な計算処理が必要となります。

　たとえば、2018年3月31日時点において、首都圏で交通ICカード（Suica）を利用可能なJR東日本の鉄道駅は637駅あるので、JR東日本の出発駅と到着駅の組み合わせ数は637×636＝約40万通りとなります。さらに、指定された出発駅と到着駅に対して、運行状況、経由駅、他社路線への乗り換えなどのさまざまな条件を考慮すると、**何億通りもの経路**が存在します。

　これらの全ての経路を順番に調べて最適な経路を得るためには、最新のコンピュータを利用したとしても、数時間以上のとても長い計算時間が必要です。しかし、いまから乗る電車の経路を調べたい時に、その結果が数時間後に返ってくるような路線案内アプリは、レスポンスタイムが悪いため、ほとんど使い物になりません。

　路線案内アプリの性能を向上させるにはどうすればよいでしょうか？一番簡単なやり方は、**スーパーコンピュータ**※4などの高性能なハードウェアを用意して路線案内アプリの経路計算を行い、スループットやレスポンスタイムを向上する方法です。しかし、この方法では莫大なお金がかかりますので、路線案内アプリの利用者の増加に合わせてハードウェアを増やし続けるやり方には限界があります。**ハードウェアの力だけに頼るのではなく、ソフトウェア単体で性能を向上する工夫**が必要なのです。

## アルゴリズム工学

　そこで、世の中に存在する複雑な問題を、ハードウェアの力に頼るのではなく、ソフトウェアを工夫することで効率的に解くための手法を探求する学問として「**アルゴリズム工学**[※5]」が誕生しました。アルゴリズムとは、特定の問題を解く手順を単純な計算や操作の組み合わせとして定義したもののことです。

　アルゴリズムを工夫することで、より少ないハードウェアのリソースを用いて、ソフトウェアのスループットやレスポンスタイムを何百倍にも速くすることができます。アルゴリズムはしばしば「**人参の飾り切り**」にたとえられます。星形の人参を作りたいときに、人参を輪切りにしてから星形にする**A方式**と、人参を星形にしてから輪切りにする**B方式**があります。A方式の場合は包丁を数百回入れないといけませんが、B方式の場合は包丁を数十回入れるだけで星型の人参を作ることができます。どちらの方式も、最終的な結果は同じになりますが、手間が異なるのです。

　先ほどの路線案内アプリの場合も「**ダイクストラ法**[※6]」という**最短経路**を求めるアルゴリズムを用いれば、数時間かかっていた計算を1秒以内に短縮することが可能になり、実用的な路線案内アプリを実現することができます。

**注意** [※5]
有用なアルゴリズムは「普通」の性能のコンピュータで動作する必要があります。どんなに性能がよいアルゴリズムであっても、スーパーコンピュータでないと動かないのでは使い物になりません。

**用語解説** [※6]
**ダイクストラ法**
1959年にエドガー・ダイクストラによって考案された最短経路を求めるアルゴリズムです。電車の路線案内だけでなく、カーナビの経路探索や、インターネットの通信経路探索などにも応用されています。

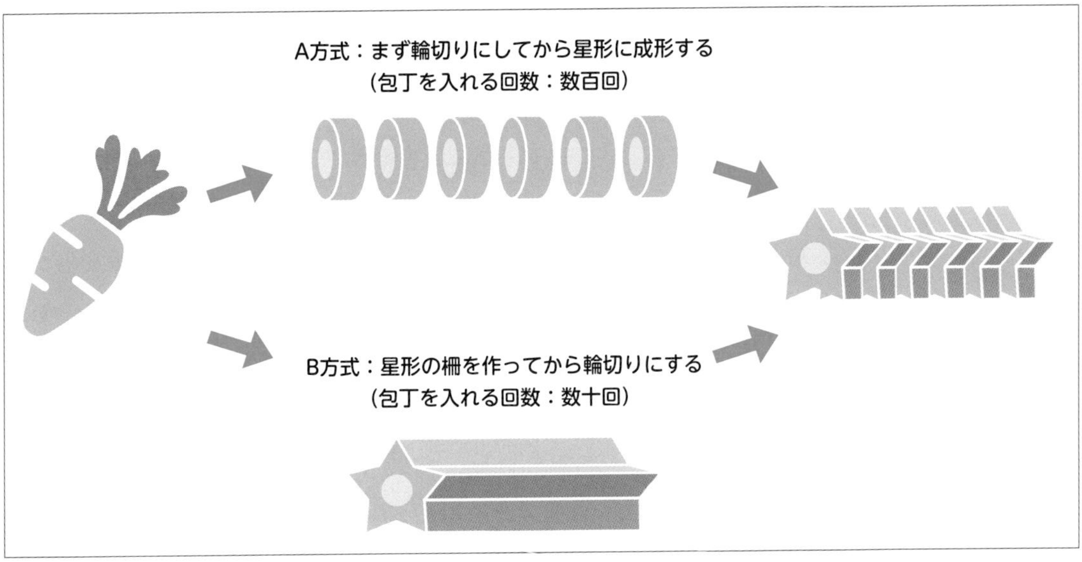

A方式：まず輪切りにしてから星形に成形する
（包丁を入れる回数：数百回）

B方式：星形の柵を作ってから輪切りにする
（包丁を入れる回数：数十回）

図10-2 「人参の飾り切り」アルゴリズム

# 10-2 | 組み合わせ爆発を攻略するAIのアルゴリズム

## 組み合わせ爆発とは

最初は簡単そうに見えていた問題が、実はとても複雑な問題であったことに後から気づくこともあります。ここでは「**組み合わせ爆発**」について学びましょう。

組み合わせ爆発とは、**最初は少ないと思っていた数が、まるで爆発を起こしたかのように急激に増加する現象**のことです。自分が取り組んでいる問題に組み合わせ爆発が潜んでいないか、十分に注意する必要があります。**組み合わせ爆発が含まれている問題**[※7]の場合、コンピュータを使えば簡単に解けると思って計算を始めてみても、すぐにその問題は解けないほどの大きな規模に膨れ上がってしまい、いつまで待っても計算が終わらないという事態に陥ります。

**ワンポイント** [※7]
AIが解く問題のほとんどには組み合わせ爆発が含まれています。そのため、AIで問題を解くことは「大量の干し草に紛れた1本の針を探す行為である」という風に言う人もいます。

組み合わせ爆発の大きさを理解するために、「**紙を何回折ると月に届く高さになるか**」という問題を考えてみましょう。

紙の厚さは一般的な紙幣と同じ0.1mmとしたときに、紙を何回折れば月に届く高さになるでしょうか。0.1mmの薄さの紙を繰り返し折って月の高さ(約38万km)にするためには、直感的には数百万回折る必要があると思われます。しかし、この答えはたったの**「42回」**となります。紙を42回半分に折っていくだけで、月に届く高さに達するということです。

この問題には組み合わせ爆発が潜んでいます。実際に本物の紙を42回折ることはできませんが、計算をしながら42回で本当に月に届くのかを確かめてみましょう。0.1mmの紙を1回折ると0.2mmになります。そして0.2mmの紙をもう一度折る、つまり最初から数えて2回折ると紙の厚さは0.4mmとなります。このように、紙を折るごとに厚さは2倍になっていきます。

14回折ると薄い紙が人間の身長(163.84cm)と同じくらいになります。20回折ると東京スカイツリーの高さを超え、26回折ると富士山の高さを超えます。そして、42回折るとついに約44万kmの高さに達することになりま

す。紙を42回折るだけで、地表から約38万kmの高さにある月に届くということが確認できました。

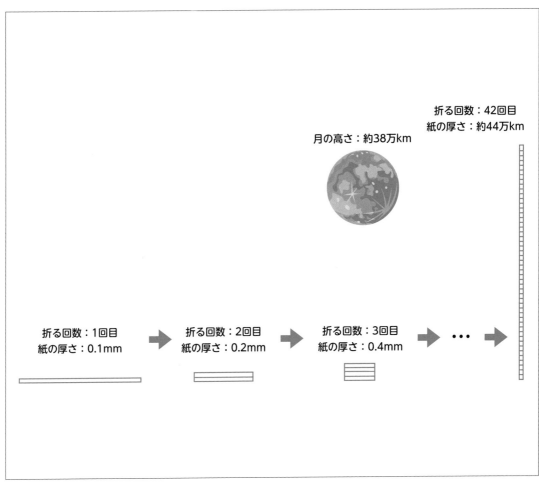

折る回数：42回目
紙の厚さ：約44万km

月の高さ：約38万km

折る回数：1回目
紙の厚さ：0.1mm

折る回数：2回目
紙の厚さ：0.2mm

折る回数：3回目
紙の厚さ：0.4mm

図10-3 紙を42回折ると月に届く

## ボードゲームに挑むAI

　実際の世の中には、組み合わせ爆発が潜んでいる問題が多数存在しています。そのような場合であっても、AIはアルゴリズムを上手に使いこなすことで、人間以上の精度で組み合わせ爆発が潜む問題にも対処することができるようになります。

　たとえば、「**三目並べ**（英名：**Tic Tac Toe**）」というゲームがあります。三目並べは、3×3のマス目に○（先手）と×（後手）のマークを交互に埋めていき、縦、横、斜めのいずれかで同じマークが3つ並ぶと勝利するという2人対決のゲームです。

ワンポイント ※8

3目並べは3×3のマス目で遊びますが、5目並べ（正式名称：連珠）は、15×15のマス目で遊びます。そのため、5目並べの局面の組み合わせは、3の225乗という途方もない数字になります。

3×3＝9のマス目に「○」「×」「未配置」の3種類のいずれかが入ると考えると、**全部で3の9乗（19,683）の局面の組み合わせ**※8 が存在します。

このくらいの組み合わせ数であれば、AIは数分以内にすべての局面の組み合わせを把握し、ゲームの決着までの手を先読みしながら、絶対に負けない最善手を指し続けることが可能です。実際に、すべての組み合わせを把握したAI同士を戦わせると、お互いの手を完全に読み切ってしまうため、先行、後攻のいずれの場合も、必ず引き分けになることが知られています。

それでは、三目並べよりもさらに複雑な「**将棋**」や「**囲碁**」などのボードゲームの場合はどうでしょうか。実は、将棋や囲碁には巨大な組み合わせ爆発が潜んでいます。

駒の位置などの局面には、将棋の場合は約10の220乗、囲碁の場合は約10の360乗の組み合わせ数が存在することが知られています。宇宙に存在するすべての原子を数えても10の80乗程度ですから、将棋や囲碁の組み合わせ爆発がいかに大きいものかがわかると思います。将棋や囲碁は人間にとっても非常に難しい知能スポーツですが、それはAIにとっても同じことなのです。

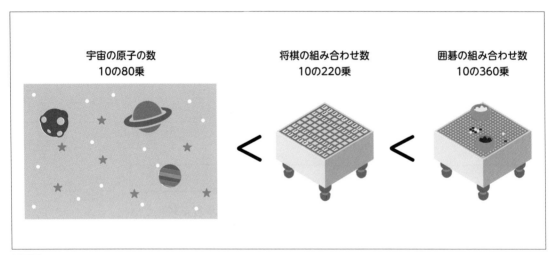

**図10-4** 将棋と囲碁の組み合わせ数

## 総当たりアルゴリズム

　問題が取りうる状態の組み合わせ数のことを「**空間**」と呼びます。将棋や囲碁などの組み合わせ爆発を含む問題は巨大な空間を持っているのですが、AIが巨大な空間に立ち向かうためには、いくつかの対処法が存在します。

　まず考えられるのは、スーパーコンピュータなどの高性能なハードウェアを用意して、巨大な空間の「**すべてを探索する**」方法です。この方法を「**総当たりアルゴリズム（Brute force algorithm）**[9]」と呼びます。

　しかし、この方法は問題の空間がある程度大きくなると対処できなくなってしまいます。仮に、地球上のすべてのコンピュータを総動員したとしても、将棋や囲碁の局面をすべて読み切るためには、何億年もの月日が必要となるからです。

## 近似アルゴリズム

　そこで、現実的な対処法は、巨大な空間のどこかにある「**完全な正解**」を探すのではなく、「**完全な正解に限りなく近い解**」を探すという方法です。この方法を「**近似アルゴリズム（Approximation algorithm）**[10]」と呼びます。将棋や囲碁を実際にプレイする際には、お互いに有限の持ち時間が定められています。限られた時間の中では厳密な最善手がわからなくても、なるべく短い時間で役立つ解を見つけ出すほうが実用的です。

## 確率的アルゴリズム

　もうひとつの有効なやり方は、問題を「**確率的に**」解くという方法です。この方法を「**確率的アルゴリズム（Probabilistic algorithm）**[11]」と呼びます。確率的アルゴリズムでは、問題の解を求めるときに「**疑似乱数**」を使用します。

　疑似乱数とは、コンピュータを使って生成される**ランダムな数字**のことで、たとえば、ルーレットを回して偶然でた結果を使うようなものです。確率的アルゴリズムをうまく利用すると、組み合わせ爆発が潜んでいる難しい問題であっても、短い時間で解くことができることがあります。

　ただし、広大な空間の中で完全な正解が見つかるかどうかは運次第です。確率的アルゴリズムでは、いつまで待っても完全な正解が見つからないこと

**用語解説** [9]
**総当たりアルゴリズム（Brute force algorithm）**
総当たりアルゴリズムはとても単純ですが、非常に汎用的であり、時間をかければ必ず答えを見つけることができます。さらに、総当たり法は、プログラムの作成が容易であるという利点もあります。そのため、総当たりアルゴリズムは、空間が小さい場合や、実装の単純さが問題を解く速度よりも重要な場合に用いられます。

**用語解説** [10]
**近似アルゴリズム（Approximation algorithm）**
近似アルゴリズムの中でも、完全な正解との誤差がある範囲内に収まることが保証されているもののことを、精度保証付き近似アルゴリズムと呼びます。また、そのような保証のないアルゴリズムは発見的手法（ヒューリスティクス）と呼びます。

**用語解説** [11]
**確率的アルゴリズム（Probabilistic algorithm）**
確率的アルゴリズムは、実世界のさまざまな場面で使われています。例えば、「N700系」の新幹線の先頭車両の形状は、確率的アルゴリズムの一種である「遺伝的アルゴリズム」によってデザインされました。

もあります。そのような場合は、一定の時間内に探すことができた解の中で、**なるべく良い解**を選ぶことになります。

　確率的に解くという考え方は、そのときの運次第という印象を受けるため、いいかげんなアルゴリズムであるように感じますが、実用上はとても有効に機能することが知られています。

　2016年には「**モンテカルロ木探索**」という確率的アルゴリズムを搭載した「AlphaGo」という名前のAIが、当時の囲碁の世界チャンピオンに勝利を納めています。最近の研究では、組み合わせ爆発が含まれる問題であっても、確率的アルゴリズムを上手に工夫することができれば、AIが人間と同等以上の性能を発揮できることがわかってきました。そのため、AIの確率的アルゴリズムは、現在でも世界中の研究者によってさかんに研究されています。

# 10-3 探索問題

## 探索問題とは

ここでは、コンピュータシステムのあらゆる場面で登場する**「探索問題」**について説明します。探索問題とは、複数のデータの中から、特定の条件を満たすデータを探す問題です。たとえば、「1,2,3,4,5,6,7,8,9,10」という10種類の数字が入ったデータがあるときに、「7」という値を持つ数字が存在するかどうかを確かめるという問題です。探索問題で扱うデータは、数値だけでなく文字列なども可能です。Webページの検索エンジンで「犬」というキーワードで検索したときに、何十億ものWebページの中から、「犬」というキーワードを含むWebページを短い時間で探すためには、**探索問題を効率的に解くためのアルゴリズム**[※12]が必要です。

以下では、「線形探索」と「二分探索」という2つのアルゴリズムを説明します。1から15までの数値を含むデータの中から特定の数値を探す問題を例にとって、これらの2つのアルゴリズムの動作を見ていきましょう。

## 線形探索

**線形探索（Linear search）**とは「**先頭から順番にすべてを調べていく**」という最も単純なアルゴリズムです。1から15までの数値を含むデータが小さい順番に並んでいる場合、「3」という数値を探索するためには、先頭から順番に「1」、「2」と調べていって、3回目に「3」を見つけることができます。最後の数値まで調べても見つからない場合は「見つからなかった」ものとみなします。線形探索の場合、最悪のケースでは「15」という数値を見つけるために15回の探索が必要となります。

**ワンポイント** ※12
膨大な情報の中から、特定の情報を検索するための技術を「情報検索」と呼びます。情報検索は、インターネットのビジネスにおいて、とても重要な技術とみなされています。たとえば、インターネットで特定の情報を検索して表示するまでの時間が、たったの0.5秒遅くなるだけで、約20%のユーザが見るのを諦めてしまうというデータがあります。

先頭から順番に調べる

1, 2, 3, 4, 5, 6, 7, 8, 9, 10, 11, 12, 13, 14, 15

3 を見つけるまでの探索回数： 3 回

15 を見つけるまでの探索回数：15 回

図10-5 線形探索

## 二分探索

**用語解説** ※13

**二分探索（Binary search）**

二分探索は、データが順番に並んでいることが前提の探索アルゴリズムです。データが順番に並んでいないときは、二分探索を使うことはできませんので注意してください。

**二分探索（Binary search）**[※13] とは「**選択肢を半分にしながら真ん中のデータを調べていく**」というアルゴリズムです。真ん中の数値が探したい数値よりも大きい場合は、選択肢を左半分に絞り込みます。また、真ん中の数値が探したい数値よりも小さい場合は、選択肢を右半分に絞り込みます。このように選択肢の絞り込みを行いながら、常に真ん中の数値を調べるという方法です。

たとえば、1から15までの数値を含むデータから「3」という数値を検索するときに、1回目の探索では真ん中の数値は「8」です。「3」よりも「大きい」ため、選択肢を左半分に絞り込みます。2回目の探索では真ん中の数値は「4」です。「3」よりも「大きい」ため、選択肢を左半分に絞り込みます。3回目の探索では真ん中の数値は「2」です。「3」よりも「小さい」ため、選択肢を右半分に絞り込みます。

選択肢が1個になったとき、残った数値と探している数値が一致すれば「見つかった」、一致しなければ「見つからなかった」ものとして、探索を終了します。

二分探索を用いて、1から15までの数値を含むデータの中から「3」を見つける場合の探索回数は3回となります。同様に「15」という数値を見つける場合の探索回数も3回となります。

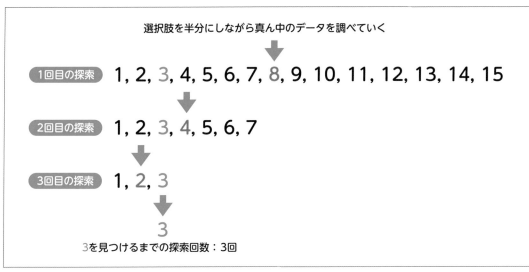

図10-6 二分探索（「3」を探索する場合）

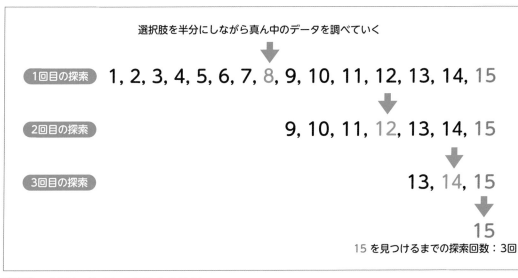

図10-7 二分探索（「15」を探索する場合）

　二分探索は、データの数が多くなるほど威力を発揮します。たとえば、1から65,536までの数値を含むデータの中から特定の数値を探す問題では、線形探索では最大65,536回の探索が必要ですが、二分探索では最大16回の探索で特定の値を見つけることができます。世界のWebサイトは約16億ページありますが、二分探索であれば最大30回の探索で目的のWebページを探し出すことができるのです。

# 10-4 | 二部マッチング問題

## 二部マッチング問題とは

**ワンポイント** ※14
二部マッチング問題などを扱う数学の学問分野のことを「グラフ理論」と呼びます。グラフ理論は、FacebookやTwitterの「友達かも?」機能や、公共交通機関の「乗り換え案内」など、さまざまな分野に応用されています。

「**二部マッチング問題**※14」について説明します。二部マッチング問題とは、2つのカテゴリ間で最適なマッチングを探し出す問題です。たとえば、インターネット広告でユーザの興味に合う広告を探したり(ユーザと広告)、就活サイトに登録した就活生にとって最適な企業を探したり(就活生と企業)、婚活サイトで相性の良い男女を探したり(男性と女性)する問題です。

二部マッチング問題は、実際のビジネス現場で頻出の問題であり、古典的なアルゴリズムから最新のAIまで、幅広いテクニックが使われているとても興味深い問題です。二部マッチング問題は、より一般的には「**ネットワーク最適化問題**」というカテゴリに属しています。電車の路線案内などに使われている**ダイクストラ法**(P.135)も、ネットワーク最適化問題を解くためのアルゴリズムの一種です。

ネットワーク最適化問題は非常に歴史が長く、世界中の研究者によってさかんに研究されてきました。そして現在に至るまで、さまざまなアルゴリズムが提案されています。

## 局所最適

ネットワーク最適化問題のアルゴリズムには難解なものが多いため、本書では詳しい説明は割愛しますが、ネットワーク最適化問題における「**局所最適**」と「**全体最適**」という考え方は、他のさまざまなアルゴリズムにも登場する重要な概念です。

就活生と企業をマッチングする問題を例として、局所最適と全体最適の考え方を理解しましょう。

就活生と企業のそれぞれに複数候補が存在しているときに「**ある就活生と、ある企業が組になったときに、就活生にとってどれだけ嬉しいか**」という志望度が数値化されている状態を考えます。そして、さまざまな組み合わせを試していき、各組の志望度の総和が最大になるような組み合わせを求め

144

る問題です。

局所最適とは、全体の中のごく一部分だけを見るとうまく機能しているのですが、全体で見るとその一部分が非効率な状態を生み出す要因となってしまっている状態です。

たとえば、とある企業X社は、就活生からの人気がとても高い企業です。就活生のAさん、Bさん、Cさんの3人にとっても、X社は第一志望の企業となります。局所最適の考え方では、就活サイトの運営側は、Aさん、Bさん、Cさんの3人をX社とマッチングさせることになります。しかし、この場合はY社、Z社には就活生からの応募がなくなってしまうため、Y社、Z社では十分な人材を確保することができません。また、人気企業に応募が殺到することで選考倍率が異常に高くなり、人気企業から内定をもらえなかった学生の就活が長期化してしまうなど、企業と学生の両方にとってあまり望ましくない状態となってしまいます。

このように、**局所最適**[※15]を追い求めすぎると、かえって悪い結果を引き起こす原因になるということです。

**注意** ※15

ネットワーク最適化問題のアルゴリズムの中には、全体の都合を考えずに、あえて個人の都合を優先するという考え方も存在します。この場合に求める解は局所最適となっていますので、たくさんの利益を得られる一部の人と、ほとんど利益を得られない多数の人が生じることが多いです。

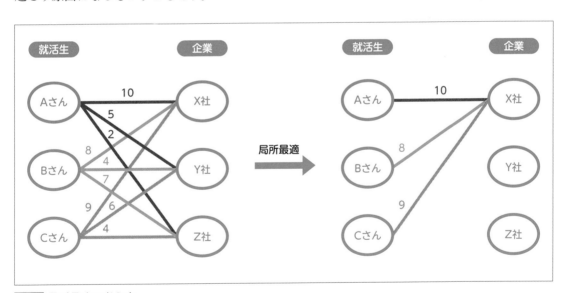

**図10-8** 局所最適の考え方

## 全体最適

一方、全体最適とは、問題の一部分だけでなく、問題の全体が最適化されている状態を指します。

たとえば、就活生のAさん、Bさん、Cさんの3人にとって、X社が第一志望なのであって、Y社とZ社は第一志望ではありません。しかし、AさんがX社、BさんがZ社、CさんがY社を選べば、すべての企業に均等に応募が割り振られるため、各企業が十分な人材を確保できるようになります。さらに、学生にとっても各企業の選考倍率が均一化するため、就活が長期化する可能性は低くなります。

必ずしもそれぞれの就活生にとって一番理想の組み合わせとはなっていませんが、全体最適の考え方ではこのような組み合わせが最適となります。実際に、AIを活用した就活サイトや婚活サイトのマッチングでは、二部マッチング問題における全体最適のアルゴリズムが取り入れられています。

**なるべく全員が幸せになれるような組み合わせを見つける**という全体最適の考え方は、特定の個人や企業に肩入れすることなく、物事を俯瞰的に見つめて冷静な判断を下せるAIだからこそのやり方なのです。

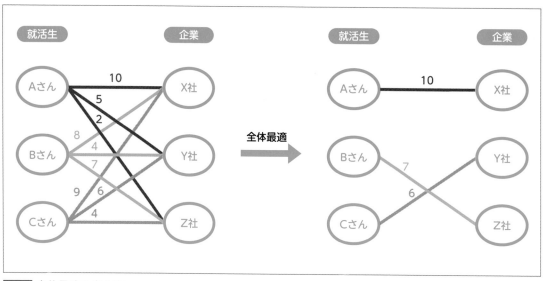

図10-9 全体最適の考え方

146

# 第11講

# データの構造と
# プログラミング

本講で紹介するリストのソースコードは下記のURLにあります。

https://colab.research.google.com/drive/1SeOAA-cHZFMVDy-FSURHPgiX9hb5x39_?usp=sharing

# 11-1 ソフトウェアのプログラミング

## プログラミングスキルを身につけよう

人間がAIなどのソフトウェアをつくることを「**プログラミング**」と呼びます。プログラミングは、一昔前はごく限られた人だけが持つ特別なスキルでした。しかし、現在は文系理系問わず、全ての若者が持つべきスキルとなっています。

たとえば、2020年度から日本の小学校の中でプログラミング教育が開始されました。すべての若者にプログラミングを教えるという教育方針のことを「**STEAM教育**[※1]」と呼び、現在では世界の教育方針の主流となっています。STEAM教育を提唱したアメリカのオバマ元大統領は、当時のアメリカの若者に対して以下の言葉を残しています。

> 「プログラミングなどのコンピュータサイエンスのスキルを身につけることは、皆さん自身の未来のみならず、私達の国の未来にとっても、大事なことです。アメリカという国が最先端であり続けるためには、皆さんのような若いアメリカ国民に、今後の世界のあり方を変えるようなツールや技術について学んでもらわねばならないのです。コンピュータは皆さんの未来の大部分を占めることになります。」

これからプログラミングに関する基礎知識を学びます。そして、「**Python**」というプログラミング言語を用いて、実際に手を動かしながらプログラミングをやってみましょう。

## プログラミングとは

人間はプログラミングを行うことで、何らかのソフトウェアをつくることができます。プログラミングとは、人間がソフトウェアにさせたい仕事の内容を、仕事の順番通りに書き表すことを意味します。たとえば、スマート

**用語解説** [※1]

**STEAM教育**
STEAMという用語は、Science（科学）、Technology（技術）、Engineering（工学）、Art（芸術）、Mathematics（数学）の頭文字をとったものです。

フォンの電話アプリを実現するには、以下の内容をプログラミングしていきます。

・着信時に着信音を「スピーカー」から出力する
・着信時に「バイブレーションモーター」を振動する
・着信時に相手の電話番号を「ディスプレイ」に表示する
・相手の発声時に相手の音声を「スピーカー」から出力する
・自分の発声時に「マイク」から入力された自分の音声を相手に届ける
　（実際には他の機能も必要ですが、説明のために省略しています）

　このようにプログラミングされたソフトウェアは、書かれた仕事を順番に実行していきます。それぞれの仕事は単純なものが多いですが、複数の単純な仕事を組み合わせることで電話アプリが実現されています。仕事の内容に着目すると、どのような状況の時に、どのハードウェアを、どのように動作させるかということが書かれていることが分かります。仕事の内容を変更すれば、電話以外のアプリを作ることも可能です。

　人間がソフトウェアを「プログラミング」することは、先生が学生に「授業」をするようなものです。学生は先生から新しい物事を教えてもらうことで、新しい能力を習得することができます。同様に、ソフトウェアは人間にプログラミングしてもらうことで、新しい能力を習得することができるのです。ただし、新しい能力を身に着けるまでの時間は、人間よりもソフトウェアの方が優れています。たとえば、日本語しか話せない日本人が、英語の授業にたった1回参加したとしても、流暢な英語を話せるようになるのはほぼ不可能です。一方、ソフトウェアは、正しくプログラミングされたものであれば、日英翻訳などの難しい能力であっても1回で習得することができます。

# 11-2 | プログラミングの歴史

## 世界初のコンピュータENIAC

　コンピュータの歴史上、世界で最初のプログラミングが行われたのは1946年のことです。この時、世界初のコンピュータ「**ENIAC**」が誕生したのですが、ENIACのハードウェアを動かすためにはソフトウェアが必要です。ENIACのソフトウェアをプログラミングする方法として「**パッチパネル**」が採用されました。

　パッチパネルとは、ハードウェアの前面に多数配置されたジャック（穴）に、ケーブル（電線）のプラグ側を手で差し込む方式のことです。ENIACのソフトウェアは、ジャック同士をケーブルでどのように接続するかによってプログラミングされていたのです。ちなみに、プログラミングを行う人のことを「**プログラマ**」と呼びますが、世界初のプログラマはENIACのパッチパネルの操作を担当した6人の女性だと言われています。

図11-1 ENIAC
https://en.wikipedia.org/wiki/ENIACより

**ワンポイント** ※2

フォン・ノイマンは「悪魔の頭脳」を持つと称された天才科学者です。アインシュタインを含む当時の一流科学者たちが「自分たちの中で誰が一番頭が良いか」という議論をしたときに、「やはり、ノイマンだろう」と意見が一致したそうです。人類史上稀有の科学者であるノイマンによって生み出されたコンピュータは、現代社会に不可欠なものとなっています。

## プログラム内蔵方式のコンピュータ

　ENIACのパッチパネル方式は、物理的なプログラミングであるため時間がかかり、ケーブルの本数が増えてくるとプログラミングすることが難しくなるという問題がありました。

　この問題を解決するために**フォン・ノイマン**[※2]によって「**プログラム内蔵**

**方式**」のコンピュータが考案されました。パッチパネルによってハードウェアの外側から物理的にプログラミングするのではなく、ハードウェアの内側にソフトウェアを記憶するための領域（**メモリ領域**[※3]）を用意し、メモリ領域を論理的に書き換えることでプログラミングを行うという方式です。現在のコンピュータは全て、このプログラム内蔵方式となっています。

　プログラム内蔵方式のコンピュータのメモリ領域を書き換える手法として、Pythonなどの「**プログラミング言語**」が生み出されました。プログラミング言語は、ソフトウェアを記述するための形式言語であり、**構文規則**（どのように書くか）と、**意味規則**（何を意味するか）で定義されるものです。

　**プログラマ**はプログラミング言語を用いてソフトウェアの機能に関する文章である「**ソースコード**」を作成し、ソースコードをコンピュータのメモリ領域に読み込ませることで、コンピュータ上でさまざまな機能を実現することができます。

　ところで、実際に世の中で使われているソフトウェアは、何行くらいのソースコードで作られていると思いますか？ 例えば、アポロ11号は人類が初めて月に着陸した時の宇宙船ですが、宇宙船という巨大なハードウェアを動かすために必要なソフトウェアのソースコードは約6万行で構成されています。また、現在のGoogleの全てのサービスを実現するために必要なソフトウェアのソースコードは20億行を超えるそうです。ソフトウェアの開発費用は、ソースコード1行あたり数千円と言われていることからも、世の中で使われているソフトウェアが巨大で複雑な工業製品であることが分かります。

　このような大規模なソフトウェアを、プログラマが1人で作り上げることは現実的ではありません。そこで、実際のソフトウェアの開発現場では、異なる役割を持つ複数の人間が互いに協力しながら1つのソフトウェアを作りあげています。ソフトウェアの開発現場における人間の役割には、ソースコードを実際に書く「プログラマ」だけでなく、ソフトウェアの全体設計を担当する「アーキテクト」、開発現場のチームをまとめあげる「プロジェクトマネージャ」などがあります。1人の人間が複数の役割を担当することもありますが、複数の人間がそれぞれ異なる役割を担当することのほうが一般的です。

**ワンポイント** ※3
ノイマンはENIACの後継機として「EDVAC」を作りました。EDVACは、メモリ領域にプログラムを内蔵する世界初のコンピュータでした。EDVACが完成した時に、ノイマンは「自分の次に計算が速いやつができたな」とつぶやいたそうです。真偽のほどは不明ですが、EDVACと計算勝負をしてノイマンが勝ったという伝説が残されています。

# 11-3 | データの構造

AIなどのソフトウェアは、現実社会の多様なデータを適切に扱いながら、高度な計算処理を実現しなければなりません。コンピュータの中でデータがどのように扱われているかについて学びます。

データの集まりをコンピュータで扱いやすいように、一定の形式で格納したものを「**データ構造**[4]」と呼びます。私たちは普段の生活の中で「**10進法**」という数の表記方法を用いて、あらゆるデータを表現しています。10進法とは、使う数字が0,1,2,3,4,5,6,7,8,9の10種類で、数の桁に意味があり、右から順に1の位、10の位、100の位というように**10のべき乗**で桁があがっていくものです。人間の左右の指の数を合わせると10本であることから、10進法は人間にとって非常にわかりやすく、昔から日常生活の中で用いられてきた数の表記法です。

一方、コンピュータの中では、すべてのデータは「**2進法**」として管理されています。2進法とは、使う数字が0と1の2種類で、数の桁に意味があり、右から順に1の位、2の位、4の位というように、**2のべき乗**で桁があがっていくものです。

コンピュータの内部では、電気が流れたか流れていないか、というON/OFFの2種類の状態しか表現することができません。すべてのデータを2種類の組み合わせで表現する必要があるため、2進数が用いられています。たとえば、10進数の「5」は2進数で「101」と表されます。

---

**用語解説** [4]

**データ構造**

データ構造では、最初に、数字を2進法で表すのか、10進法で表すのか、といったデータの表現方法を決めます。そして、それらのデータを一列に並べるのか、行列の形式にするのか、木のような構造にするのか、という格納方法を決めていきます。

**図11-2** 2進法と10進法

## ビットとバイト

コンピュータで扱うデータは、「**ビット（bit）**」と「**バイト（Byte）**」という単位を使います。ビットとは、コンピュータ内部におけるデータ構造の最小単位です。1ビットには「0」か「1」のどちらかが格納されています。

テキスト、音楽、画像などのデータはビットの集まりであり、大量の0と1の組み合わせでできています。コンピュータは大量の「0」と「1」で表現されたデータを正しく理解することができますが、人間にとってはわかりにくいという欠点があります。そこで、8個のビットをまとめて1個のデータとすることで、大きなデータを小さく表現する方法が編み出されました。

**8ビット**のデータをまとめたものを**1バイト**[5]と呼びます。私たちは8ビットを1バイトとして表現することで、大量のデータを短くわかりやすい形式で表現することができるようになりました。バイトは、ハードディスクやメモリの容量を表現する単位として使われています。

> **ワンポイント** ※5
>
> 実は、1バイトが8ビットである必然性はありません。1バイトを4ビットとしたり、1バイトを6ビットとするコンピュータもかつては存在していました。1バイトを8ビットとする考えが浸透したきっかけは、1964年にIBM社が発表したSystem/360というコンピュータです。さまざまな国の言語を表現する文字コードのために、1バイトをそれまでの6ビットから8ビットへと拡張しました。このSystem/360が大きくシェアを伸ばし、1バイトを8ビットとすることが事実上の標準となったのです。

8ビット

1ビット（0または1が格納される）　　1バイト（8ビット集まったもの）

**図11-3** ビットとバイト

## 文字コード

　コンピュータ内部で使用する文字のデータも、2進数の数値として管理されています。コンピュータは内部に「**文字コード表**」を持っており、コンピュータで使用する文字を2進数に対応づけています。

　たとえば、アルファベットの「A」は1バイトで、8ビットで表現されます。「A」は01000001、「B」は01000010、「C」は01000011、という8桁からなる2進数で表現されます。

　また、日本語などの英語圏以外の文字は種類が多く、すべての文字を表現するために必要なデータが大きくなるため、1文字あたり2バイトが必要です。

　**文字コード表**[※6]はたくさんの規格があるため、文字データに対して正しい文字コード表を適用しないと「**文字化け**」という現象が発生します。文字化けとは、コンピュータで文字を表示する際に、正しく表示されない現象のことです。以下の図は、Wikipediaという Webサイトに文字化けが発生している状態を表しています。

**ワンポイント** ※6

日本語に対応した文字コードには、「JIS」、「Shift-JIS」、「EUC」、「Unicode」などがあります。

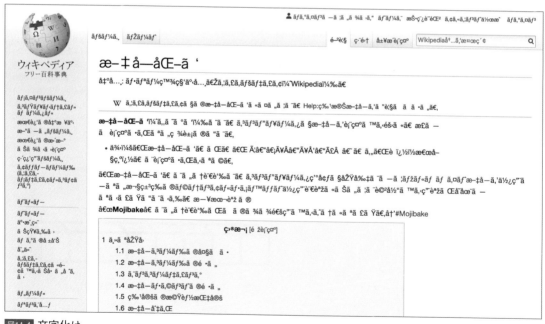

図11-4 文字化け

参考：https://en.wikipedia.org/wiki/Mojibake

# 11-4 | プログラミング環境の構築

## Pythonの導入

プログラミング言語の**Python**を用いて実際にプログラミングを行いましょう。最初に、プログラミングを行うための環境を用意する必要があります。

本書では、Google社が提供している「**Colaboratory**[※7]」という環境を利用します。Colaboratoryは、GoogleがAIの研究用途に無償で提供しているPythonのプログラミング環境です。パソコンへのインストールが不要で、WebブラウザがあればすぐにプログラミングやAIの作成をすることができます。スマートフォンやタブレットなどでも利用することができます。

**用語解説** [※7]

**Colaboratory**
ビッグデータ解析や機械学習を快適に行うためには、かなりの性能のコンピュータが必要になります。ある程度のCPUやメモリ容量はもちろんのこと、GPUも必須となることが多いです。Colaboratoryは、GoogleアカウントさえあれGPUの搭載された高性能コンピュータを、誰でも無料で使うことができます。

**図11-5** Google Colaboratory
URL：https://colab.research.google.com/

## Colaboratoryの使い方

それでは、Colaboratoryの基本的な使い方を確認していきます。

Webブラウザで Colaboratory の URL（https://colab.research.google.com/）にアクセスします。

なお、Colaboratory を利用するためには、Google アカウントが必要です。Google アカウントでログインした状態でURLにアクセスをしてください。また、学校が発行している **Google アカウント**[※8] ではColaboratoryを利用できないことがあります。個人的に取得したGoogleアカウントを利用することを推奨します。

Colaboratoryにログインした状態で、画面左上の「**ファイル**」の中にある「**ノートブックを新規作成**」をクリックすると、以下のようなプログラミング画面が表示されます。

ここにPythonのソースコードを記述することで、さまざまなソフトウェアやAIを作成することができます。

**ワンポイント** [※8]

学校が発行している Googleアカウントでも、Colaboratoryを利用できることがありますので、学校の先生に聞いてみてください。

**図11-6** Colaboratoryのプログラミング画面

新しいノートブックに簡単なPythonのプログラムを書いて実行してみましょう。ここでは、「Hello, world!」という文字列を表示するプログラムを記述して、エディターの左側にある実行ボタンをクリックします。すると、プログラムのすぐ下に実行結果が表示されます。

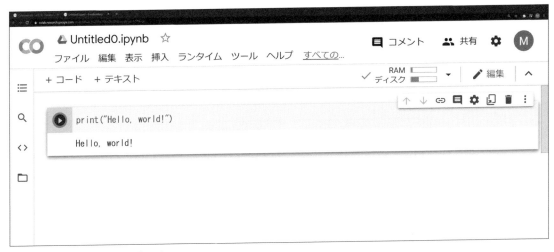

**図11-7** 文字列を表示するプログラム

　さらに新しいプログラムを記述するには、「**＋コード**」という項目をクリックします。すると、新たなプログラムを入力して実行させることができます。ここでは、足し算を行うプログラムを新しく入力して実行させましょう。

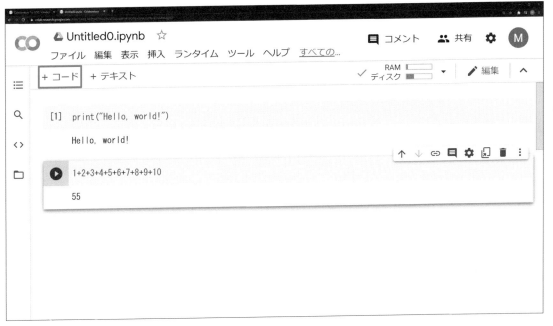

**図11-8** 足し算を行うプログラム

## 変数と変数名

プログラミングではさまざまなデータを扱います。データは、繰り返し使用したり、後から参照するものもあります。そこで、「**変数**」という仕組みを利用することで、簡単に数値や文字列などのデータを繰り返して使用することができます。変数とは、数値や文字列を記憶するための「**メモリ**[※9]」のことで、イメージとしてはデータを格納することができる箱のことです。そして、箱につける名前のことを「**変数名**」と呼びます。

**用語解説** [※9]

**メモリ**

変数に記憶されたデータは、コンピュータのメモリ（RAM）に格納されます。コンピュータのメモリ上のデータは、電源を切ると消失することから、コンピュータのメモリのことを「揮発性メモリ」と呼びます。一方、ハードディスクに記憶されたデータは、コンピュータの電源を切っても消失しないため、ハードディスクのことを「不揮発性メモリ」と呼びます。

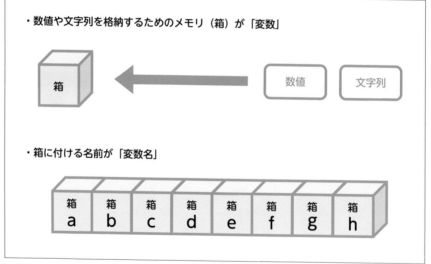

・数値や文字列を格納するためのメモリ（箱）が「変数」

・箱に付ける名前が「変数名」

図11-9 変数と変数名

## 変数に値を代入

変数に値を**代入**するには、変数名と代入したい値を「=」で繋ぎます。例えば、「a=10」と書くと数学では「aは10である」という意味になりますが、Pythonのプログラムでは「a（変数名）に10（値）を代入する」という意味になります。

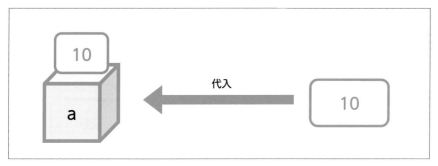

図11-10 変数に値を代入

1
2
3
4
5
6
7
8
9
10
11
12
13
14

Pythonで新しい変数を用意して値を**代入**してみましょう。次のプログラムでは、「hello」という変数に「**Hello, world!**[10]」という**文字列**を代入しています。また、「num」という変数に「777」という**数値**を代入しています。2つの変数の中身を出力すると、代入された文字列や数値が表示されていることがわかります。

リスト11-1　Pythonの変数に値を代入

```
hello = "Hello, world!"
num = 777
print(hello)
print(num)
```

▶実行結果

```
Hello, world!
777
```

## 変数の内容を更新

また、変数の中身を**新しい値に更新**することもできます。変数の中身を更新するには、何かの値が代入されている変数に、もう一度、別の値を代入します。

以下の図では、「10」という数値が代入されている変数aに対して、「20」という数値を代入しなおすことで、変数aの値を更新しています。

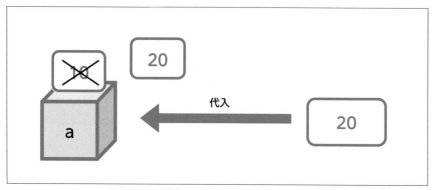

図11-11 変数の値を更新

　Pythonで変数の値を更新してみましょう。以下のプログラムでは、変数helloには「Hello, world!」という文字列が、変数numには「777」という数値が代入されています。その後、変数helloには「Hello, Python!」という文字列を、変数numには「123」という数値を代入しなおすと、これらの変数の中身が**新しい値で更新**[※11]されます。

　2つの変数の中身を出力してみると、代入された文字列や数値が表示されていることがわかります。

リスト11-2　Pythonの変数の値を更新

```
hello = "Hello, world!"
num = 777
print(hello)
print(num)

hello = "Hello, Python!"
num = 123
print(hello)
print(num)
```

▶実行結果

```
Hello, world!
777
Hello, Python!
123
```

# 11-6 | 条件分岐

## 条件分岐とは

　次に、プログラムを上から下に順番通りに実行する「一方通行」のプログラムだけでなく、条件に応じて処理を分岐させることができる「**条件分岐**」プログラムの書き方を学びます。

　世の中には、単純にプログラムを上から下に順番通りに実行するだけでは、どうしても実行できない処理が存在します。たとえば、自動運転車が道路を走っているときに、道路に人がいなければ走り続けても問題がありませんが、道路に人が立ち入っている場合は、きちんと止まって交通事故を回避しなければなりません。

　つまり、「道路に人が立ち入っているかどうか」という条件に応じて、自動運転車のAIの行動を変更する必要があるということです。

## if文

　このような条件分岐を実現するために、「**if文**[12]」という命令が用意されています。if文では、**2つの値を比較**し、その結果をもとにして**次の処理を決める**というプログラムを記述することができます。

　以下の図は、if文の動作例です。if文では、条件式を満たした場合、指定した処理が実行されます。一方、指定した条件式が満たされない場合は何もしません。プログラミングでは、条件を満たすことを「真（true）」、条件を満たさないことを「偽（false）」と呼びます。

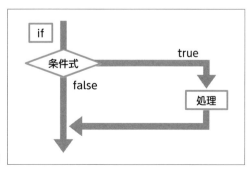

図11-12 条件分岐

---

**用語解説** [13]

**if文**

プログラミング言語はアメリカで生まれたため、「もし○○ならば」という条件分岐を表す命令は「if」と書くことになっています。一方、ソースコードをすべて日本語で書くことができるプログラミング言語も存在します。「なでしこ」という日本語プログラミング言語では、条件分岐のプログラムは「ならば」と日本語で書きます。プログラミング言語が日本で生まれていたとしたら、世界中の人が条件分岐を「ならば」と書いていたかもしれませんね。

161

## Pythonでif文のプログラミング

Pythonで条件分岐のプログラムを書いてみましょう。以下のプログラムは、変数weatherに代入された文字列に応じて、異なる文字列を表示するという動作をします。

変数weatherに格納された文字列が「晴れ」ならば、プログラムの出力結果は「明日は晴れです。」となります。同様に、変数weatherに格納された文字列が「曇り」ならば、プログラムの出力結果は「明日は曇りです。」となります。

Pythonでは、条件分岐のプログラムを書くために、次のルールにもとづいてif文を記述します。まず、「if」と書いたあとに半角スペースを入力します。そして、if文の「条件式」を記述します。

1つ目のif文では、変数weatherの値が「晴れ」という文字列と一致するかどうかを「==」という等式で確認しています。条件式のあとには、半角の「:（コロン）」を忘れないようにしてください。

if文の次の行には、if文で条件を満たした場合の処理を記述します。このとき、条件を満たした場合の処理は、右にずらして書くという「**インデント（字下げ）**[※13]」が必要です。インデントを行わないと、プログラムはエラーとなりますので注意してください。キーボードの「tab」キーを1回押すと、インデントを行うことができます。

1つ目のif文の入力が終わったら、2つ目のif文も入力してみてください。Pythonは、プログラムのインデントにとても敏感に反応するため、インデントが少しでもおかしいとすぐにエラーとなります。2つ目のif文も、if文の条件式と、条件を満たしたときの処理のインデントの関係に注意して入力してください。

入力が終わったら、変数weatherに代入する値を変えながら、プログラムの動作を確認してみましょう。変数weatherの値が「晴れ」、「曇り」、それ以外のときで、プログラムが異なる動作をすることがわかると思います。

世の中のソフトウェアは、if文による条件分岐の仕組みによって、さまざまな条件に応じた柔軟な動作を実現することができるのです。

リスト11-3　Pythonの条件分岐（1）

```
weather = "晴れ"
```

**注意** ※13
if文の次の行にインデントを入れる書き方はPython特有のものです。他のプログラミング言語では、if文の次の行はカッコで括るという書き方が一般的です。Pythonは、ソースコードに書く内容を少しでも減らして、見た目をスッキリとさせるために、カッコを使わずにインデントを使う方針となっています。

```python
if weather == "晴れ":
    print("明日は晴れです。")
if weather == "曇り":
    print("明日は曇りです。")
```

▶実行結果

明日は晴れです。

リスト11-4　Pythonの条件分岐（2）

```python
weather = "曇り"

if weather == "晴れ":
  print("明日は晴れです。")
if weather == "曇り":
  print("明日は曇りです。")
```

▶実行結果

明日は曇りです。

# 11-7 | 繰り返し

## ループ処理

　最後に、プログラムの中で一定の処理を何度も繰り返すための「**繰り返し**」の書き方を学びましょう。

　プログラミングにおいて、同じ処理を繰り返すことを「**ループ処理**[※14]」と呼びます。たとえば、自動運転車の動作は「道路に沿って走る」というループ処理が大半を占めています。そのため、自動運転車のAIを作成するときは、何行にもわたって同じループ処理をプログラムに記述しなければならず、プログラマの作業量が増えてしまいます。

　そこで、ループ処理を効率的に記述するための方法として「**for文**」という書き方が用意されています。

**注意**　[※14]
プログラマにとってループ処理はとても便利な機能なのですが、ループを抜ける条件を間違えると、プログラムが「無限ループ」に陥ってしまいます。無限ループに陥ったプログラムは、コンピュータのリソースを消費し続けてしまい、やがてコンピュータが動かなくなってしまうため注意が必要です。

## for文

　**for文**は、同じ処理を指定した回数だけ繰り返すという命令です。以下の図は、for文の動作例を示しています。for文では、現在の**繰り返し回数**（**カウント**）が指定した回数を超えない場合は、条件式の値が「**true**」となり、処理が実行されます。一方、現在のカウントが指定した回数を超えた場合は、条件式の値が「**false**」となり、処理を終了します。

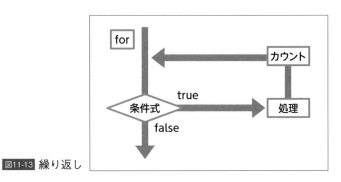

図11-13 繰り返し

## Pythonでfor文のプログラミング

　Pythonで繰り返しのないプログラムを書いてみましょう。以下のプログラムは、「Hello, world!」という文字列を7回表示するプログラムです。

　繰り返しのないプログラムでは、文字列を表示する命令を7行書く必要があります。まだ7回であれば頑張って書くこともできますが、1万回を超えるような回数となったときは、途方もない時間がかかります。また、プログラミングの途中で、同じ処理を何回記述したかが分からなくなってしまった場合は、また最初からやり直すことになってしまいます。

　このように、for文によって繰り返し処理を書けないプログラミングは、プログラムの内容がとても冗長となります。

リスト11-5　繰り返しのないPythonプログラム

```python
print("Hello, world!")
print("Hello, world!")
print("Hello, world!")
print("Hello, world!")
print("Hello, world!")
print("Hello, world!")
print("Hello, world!")
```

▶実行結果

```
Hello, world!
Hello, world!
Hello, world!
Hello, world!
Hello, world!
Hello, world!
Hello, world!
```

　次に、Pythonで繰り返しのあるプログラムを書いてみましょう。以下のプログラムは、「Hello, world!」という文字列を7回表示するプログラムです。さきほどと同じ動作ですが、**たったの2行**でプログラムを書くことができます。さらに、「Hello, world!」という文字列を1万回表示する場合でも2行で記述できます。

　Pythonでは、繰り返しのプログラムを書くために、次のルールにもとづいてfor文を記述します。

まず、「for」という命令と半角スペースを記述します。そして、何らかの変数名を記述します。ここでは変数名を「i」としていますが、他の変数名でも構いません。半角スペースのあとに「**in range(7)**」という条件を記述します。これは、繰り返しを7回繰り返すという意味を持ちます。かっこの中の数字を変えることで、繰り返し回数を変更することができます。最後に半角の「:（コロン）」を忘れないようにしてください。

for文の次の行には、for文で繰り返したい処理を記述します。このとき、if文と同様に、右にずらして書くという「**インデント（字下げ）**」が必要です。インデントを行わないと、プログラムはエラーとなりますので注意してください。キーボードの「tab」キーを1回押すと、インデントを行うことができます。

入力が終わったら、「**in range(7)**」のかっこの中の数字を変えながら、プログラムの動作を確認してみましょう。かっこの中の数字に応じて、繰り返し回数が変化することが確認できると思います。**for文**[※15] のおかげで、プログラマは短くてわかりやすいプログラムを作成することができるのです。

**ワンポイント** [※15]
Pythonの繰り返しには、「for」だけでなく「while」という書き方もあります。for文は繰り返し回数を指定したい処理に適しており、while文はある条件を満たすまで処理を繰り返したい場合に適しています。

リスト11-6　繰り返しのあるPythonプログラム

```python
for i in range(7):
    print("Hello, world!")
```

▶実行結果

```
Hello, world!
Hello, world!
Hello, world!
Hello, world!
Hello, world!
Hello, world!
Hello, world!
```

# 第12講

# データを上手に
# 扱うには

本講で紹介するリストのソースコードは下記のURLにあります。

https://colab.research.google.com/drive/1be-ZCSPdTfqzXNSOoZduJh_E3xy-PSM_?usp=sharing

# 12-1 | ビッグデータの収集

## データは21世紀の石油

　AIによるデータ分析は、製造業や金融業など、さまざまなビジネス現場で利用されています。最近では、大量のデータを貯めてAIで分析をすると、いままで見つからなかった価値ある情報を見つけることができ、新しいビジネスチャンスや利益を生み出せるケースが増えてきました。

　データの中に埋まっている価値ある情報を探すという行為は、地面に埋まっている石油を掘り当てる行為に似ていることから、データのことを「**21世紀の石油**」と呼ぶ人もいます。データという新しい資源をうまく活かした人が、次の時代の競争的優位に立てるということを意味しています。

　ただし、データはやみくもに集めればよいというものではありません。何の目的のために、どのようなデータを集め、それをどうやって適切に管理していくか、ということが重要になります。本講ではデータを上手に扱うために必要な技術を学びます。データを貯めるための「**データベース**[※1]」という技術について学びます（12-2節）。そして、データ結合やデータクレンジングなどの「**データ事前処理**」の方法について、実際にPythonでプログラミングを行いながら学んでいきます。

**ワンポイント** [※1]

データベースを扱う技術者のことを「データベースエンジニア」と呼びます。データベースエンジニアには、ストレージ（ハードディスク）やネットワークに関するITインフラ技術と、データベースを操作するSQLなどのソフトウェア技術の両方が必要です。

## 多種大量のビッグデータ

　人や機械が生み出す多種大量のデータのことを「**ビッグデータ**」と呼びます。ビッグデータには、身長や株価といった数値データだけでなく、画像、音声、動画、文書などのさまざまな種類のデータが含まれます。

　SNSやメールなどの「**人が生み出すデータ**」は、量や種類は比較的少ないですが、ビジネス上の価値を含んだデータが多いです。一方、自動車や家電製品などの「**機械が生み出すデータ**」は、量や種類は多いのですが、ビジネス上の価値が全くないこともあります。そのため、少し前までは、人が生み出すデータを貯めることがあっても、機械が生み出すデータは貯めずに捨てることがほとんどでした。しかし、現在では**IoT技術**の発展により、データを

保存するためのストレージやネットワークのコストが下がったため、機械が生み出すデータも積極的に保存されるようになってきています。

　機械が生み出すデータは、機械が何らかの目的で動作する際の**副産物のデータ**[※2] です。たとえば、自動車のエンジンは「データを作る」ためではなく、「自動車を走らせる」ために動作します。エンジンが本来の目的で動作するときに、エンジンの回転数、温度、排気量などの副次的なデータを集めて保存しているのです。エンジンに関するデータは、エンジンの改良のためだけでなく、自動運転や故障検知を行うAIを開発するときにも利用されています。

　その他にも、農業や医療などのさまざまな分野で、将来の利用を見込んだビッグデータの投機的な収集と保存が行われています。しかし、ビッグデータは種類や量がとても多いため、いい加減な収集や保存を行ってしまうと、後からデータを分析することが困難になります。そこで、データ分析の目的に合わせて、収集したデータを適切に管理するためのシステムが必要になります。

**ワンポイント** ※2

海外では副産物のデータのことを「exhaust data」と呼びます。企業が集めているデータの90%以上がexhaust dataであると言われており、大量のexhaust dataを具体的に活用する方法を見つけ出すことが、今後のビッグデータ活用のカギであると言われています。

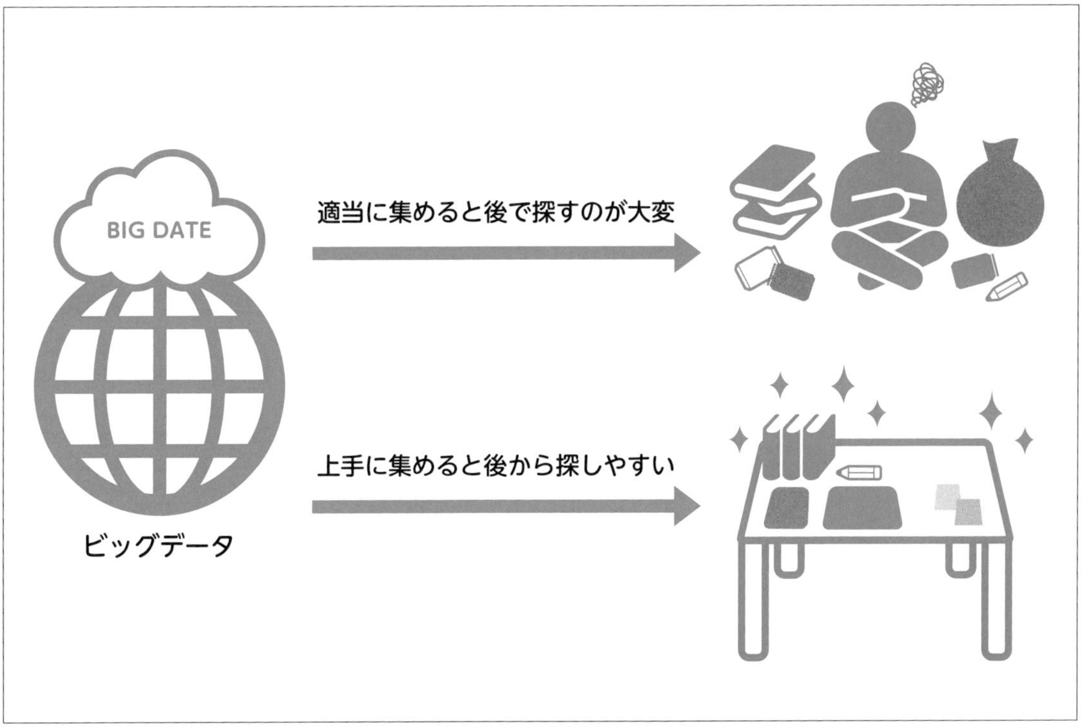

BIG DATE

適当に集めると後で探すのが大変

上手に集めると後から探しやすい

ビッグデータ

**図12-1** ビッグデータの収集

# 12-2 | データベース

## データベースとは

　ビッグデータをコンピュータで効率良く保存して管理するシステムが「**データベース**」です。データベースでは、すべてのデータを処理しやすい形に整理して保存します。データベースを使ってデータを管理する利点としては、以下が挙げられます。

1. 複数のデータを統合しながら保存できるため、ハードディスクの容量を節約できる
2. 大量のデータの中から、目的のデータを素早く探し出すことができる
3. 複数の利用者が一度にデータを書き換えても、データに矛盾が起きない
4. ハードディスクが壊れた時の復旧機能があるため、データが突然消えたりしない

**用語解説** ※3

**RDB（Relational Database）**

RDBとは、任意の関係を持つデータ群のデータベースのことです。RDBを操作する代表的な言語が「SQL」です。SQLはデータベースを操作する言語であるため、「プログラミング言語」ではなく「データベース言語」と呼ばれます。

　データベースの内部では、データは「**RDB（Relational Database）**[※3]」という形式で保存されています。RDBは現在のデータベースの主流となっており、世界の95%のデータはRDBの形式で保存されていると言われています。

## RDBと正規化

　RDBでは、「**行**」と「**列**」で構成される「**表（テーブル）**」が、相互に連結されるという形式で管理されています。たとえば、以下の図では、誰が、何を買ったかという購入情報を、「購入情報テーブル」と「商品情報テーブル」に分けてRDBで管理しています。

　RDBでは、データの重複をなくし、整合的にデータを取り扱うために、1つの情報を複数のテーブルに分けて保存することが多いです。この設計方針のことを「**正規化**」と呼びます。正規化されたRDBでは、購入情報テーブル

の商品番号と、商品情報テーブルの商品番号を相互に参照しながら一致するものを探して2つのテーブルを連結することで、元の購入情報に戻すことができます。

一見すると、**正規化**[※4]は非常に複雑で非効率なデータ管理方法のように見えます。なぜRDBでは、わざわざ正規化をして1つの情報を複数のテーブルに分けて管理するのでしょうか。その理由は、このようにデータを管理するほうが、後からデータを追加したり更新したりするときに容易だからです。たとえば、「みかん」という商品名を「Orange」に更新するケースを考えます。図12-2の右側の購入情報をそのままの形式で保存している場合は、「みかん」という商品名を「Orange」に更新するために、3か所の「みかん」の部分を書き換えなければなりません。一方、購入情報を購入情報テーブルと商品情報テーブルに分けておけば、商品情報テーブルの1か所の「みかん」を「Orange」に書き換えるだけで良いのです。このように、正規化を行っておくと、データの追加、更新、削除に伴うデータの不整合や喪失を防ぎ、データベースのメンテナンス性を向上することができます。データの種類や量が多いビッグデータの場合は、正規化のメリットはさらに大きくなります。

**ワンポイント** ※4

正規化をしていないデータベースを「非正規形」と呼びます。また、正規化の度合によって「第1正規形」、「第2正規形」、「第3正規形」と名前を変えながら、データベースが複雑に分割されていきます。さらに「第4正規形」、「第5正規形」、「ボイスコッド正規形」などがありますが、実務では第3正規形までの分割をすることが多いです。

購入情報テーブル

| 購入者 | 商品番号 |
|---|---|
| Aさん | 1 |
| Bさん | 2 |
| Cさん | 2 |
| Dさん | 2 |

＋

商品情報テーブル

| 商品番号 | 商品名 |
|---|---|
| 1 | りんご |
| 2 | みかん |

➡

購入情報

| 購入者 | 商品名 |
|---|---|
| Aさん | りんご |
| Bさん | みかん |
| Cさん | みかん |
| Dさん | みかん |

図12-2 RDB（Relational Database）

## 12-3 | データ加工

### データ結合

データ分析を行う人のことを「**データサイエンティスト**※5」と呼びます。データサイエンティストには、AIや統計を駆使してデータを分析する能力だけでなく、収集したデータを分析できる状態に**加工する能力**も必要です。本節では、ビジネス現場のデータを上手に取り扱うためのデータ加工の技術について学びましょう。

ビジネス現場のデータ分析の例として、食料品を取り扱うオンラインショップの商品販売に関するデータを分析します。オンラインショップの商品の販売状況を分析することで、今後の売り上げ改善の方向性を探ることが目的です。また、オンラインショップのデータはコンピュータによって**一元管理**されているため、非常に「**綺麗**」なデータであることが多く、データ分析の入門に最適な例題です。

オンラインショップのデータ分析は、単純に各商品の売り上げ数の推移を分析するだけに留まりません。どの商品を、いつ、だれが購入したかなどの**属性情報**があれば、売り上げ改善につながる有意義な分析が可能となります。

しかし、実際のビジネス現場では、そのようなデータは1か所で管理されていません。複数のデータが異なる部署で管理されているため、異なる部署同士のデータを**紐づける**という作業が必要となります。複数に分かれたデータを紐づけて1つのデータにする作業を「**データ結合**」と呼びます。どのデータをどのように紐づけて活用するかは、データサイエンティストの腕の見せ所というわけです。

### Pythonで分析―データの準備

それでは、食料品を取り扱うオンラインショップの商品販売に関するデータをColaboratoryで読み込んでみましょう。オンラインショップの商品販売に関するデータは以下の4種類です。これらのファイルは本書のサポートサイトからダウンロードできます(P.12参照)。

表12-1 オンラインショップの商品販売に関するデータ

| ファイル名 | ファイルの説明 |
|---|---|
| 顧客情報.xlsx | 顧客に関するデータ。名前、住所など。 |
| 商品情報.xlsx | 商品に関するデータ。商品名、単価など。 |
| 4月販売情報.xlsx | 4月の商品売り上げに関するデータ。販売日など。 |
| 5月販売情報.xlsx | 5月の商品売り上げに関するデータ。販売日など。 |

　Colaboratoryにログインした状態で、画面左上の「ファイル」の中にある「ノートブックを新規作成」をクリックして、新しいPythonプログラミングの画面を立ち上げてください。その後、画面左側のフォルダのアイコンをクリックすると、Colaboratoryにファイルをアップロードするための「ファイルエクスプローラ」が開きます。

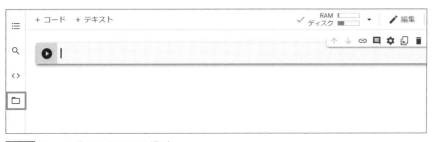

図12-3 フォルダのアイコンの場所

　オンラインショップの商品販売に関する4種類のデータを、ファイルエクスプローラにドラッグ&ドロップすると、Colaboratoryにファイルをアップロードすることができます。

図12-4 Colaboratoryへのアップロード方法[※6]

　図12-5のように、ファイルエクスプローラにアップロードしたファイルのファイル名が表示されていれば、Colaboratoryへのアップロードは正常に完了しています。この状態になっていれば、Pythonを使ってデータの分析

を始めることができます。プログラミング中はファイルエクスプローラの表示は不要ですので、右上の「×」ボタンをクリックしてファイルエクスプローラを閉じましょう。

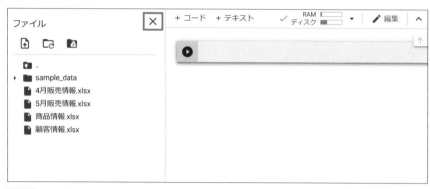

図12-5 アップロード後の画面

## Pythonで分析ー読み込み

　それでは、顧客情報のファイルを読み込んで表示させてみましょう。以降、リストの内容は「＋コード」をクリックして、新しい入力欄に入力するようにしてください。たとえば、リスト12-1とリスト12-2の内容は、異なる入力欄に入力して実行してください。ファイルの読み込みには「**Pandas**[※7]」と呼ばれるPythonの**データ分析用ライブラリ**を用います。

　「**ライブラリ**」とは、プログラミングをするときに必要な機能を提供してくれるツールのことです。Pandasライブラリを使うためには「**import pandas as pd**」と入力します。その後、「**read_excel**」という命令を用いて、顧客情報のファイルを読み込むことができます。読み込んだ結果は「customer」という変数に代入します。customer変数の中身を表示すると、オンラインショップの顧客が会員登録をする際に入力した、氏名や住所などの個人情報が確認できます。

　顧客の個人情報は、社外に漏洩することがないように、企業の中でも**情報セキュリティに特化した専門の部署**の中で厳重に管理されています。

リスト12-1　顧客情報の読み込み

```
import pandas as pd
customer = pd.read_excel("顧客情報.xlsx")
customer
```

**ワンポイント** ※7

Pandasなどのデータ分析に必要なライブラリは「オープンソース」として提供されています。オープンソースのソフトウェアは、誰でも無料に使え、ソースコードの中身を確認することもできます。Pandas自体はPython言語で作られていますので、Pythonを分かる人はPandasを自分のために改造して使うこともできます。

▶実行結果

| | 顧客番号 | 顧客氏名 | 顧客住所 | 顧客電話番号 | 顧客メールアドレス |
|---|---|---|---|---|---|
| 0 | customer1 | 田中太郎 | 山口県山口市滝町1番1号 | 083-922-3111 | tanaka@sample.com |
| 1 | customer2 | 山田花子 | 青森県青森市長島一丁目1-1 | 017-722-1111 | yamada@sample.com |

　次に、商品情報のファイルを読み込んで表示させてみましょう。ファイルの読み込み方は先ほどと同じです。読み込んだ結果は「item」という変数に代入します。item変数の中身を表示すると、オンラインショップの商品の商品名、単価、仕入れ先の情報が確認できます。商品情報は、**商品企画や在庫管理などの部署**の中で管理されています。

リスト12-2　商品情報の読み込み

```
item = pd.read_excel("商品情報.xlsx")
item
```

▶実行結果

| | 商品番号 | 商品名 | 単価 | 仕入れ先 |
|---|---|---|---|---|
| 0 | item1 | パン | 100 | A食品 |
| 1 | item2 | コーヒー | 120 | B飲料 |
| 2 | item3 | サラダ | 200 | C農園 |
| 3 | item4 | おにぎり | 150 | D食品 |

　最後に、販売情報のファイルを読み込んで表示させてみましょう。販売情報には、どの顧客が、いつ、何を買ったかという情報が格納されています。

　販売情報は、4月と5月に分割されたファイルとして管理されています。これは、販売情報を管理しているデータベースの都合で、月ごとの販売情報が別々のファイルに分割されてしまうことがあるからです。

　ファイルの読み込み方はこれまでと同じです。読み込んだ結果は「transaction_4」と「transaction_5」という変数にそれぞれを代入します。販売情報については、**営業などの部署**が管理することが一般的です。

リスト12-3　4月の販売情報の読み込み

```
transaction_4 = pd.read_excel("4月販売情報.xlsx")
transaction_4
```

▶実行結果

| | 販売番号 | 販売日 | 商品番号 | 顧客番号 |
|---|---|---|---|---|
| 0 | transaction1 | 2021-04-01 | item1 | customer1 |
| 1 | transaction2 | 2021-04-02 | item2 | customer2 |
| 2 | transaction3 | 2021-04-03 | item3 | customer1 |

リスト12-4　5月の販売情報の読み込み

```
transaction_5 = pd.read_excel("5月販売情報.xlsx")
transaction_5
```

▶実行結果

| | 販売番号 | 販売日 | 商品番号 | 顧客番号 |
|---|---|---|---|---|
| 0 | transaction4 | 2021-05-01 | item3 | customer2 |
| 1 | transaction5 | 2021-05-02 | item4 | customer1 |
| 2 | transaction6 | 2021-05-03 | item4 | customer2 |

　Colaboratory上で、食料品を取り扱うオンラインショップの商品販売に関するデータを読み込んで表示させてみると、複数のファイルに分かれたデータの大枠をつかむことができたと思います。

　一般的なAIの教科書では、**分析するデータを複数のファイルに分けずに、1つのファイルにまとめて提供することが多いです**[8]。なぜならば、分析するデータが1つのファイルにまとまっていたほうが、読者がすぐに分析を始められるからです。

　しかし、実際の現場では、データサイエンティストは**データを複数の部署からかき集める**ところから始まり、集めたデータの概要を捉え、分析に適した形に加工するという作業もすべて自分でやらなければなりません。そのため、本書では分析するデータをなるべく現場のデータ近づけるために、**複数のファイルに分割されたデータ**として提供しています。

## Pythonで分析ー結合

　それでは、複数のファイルに分割されている**データの結合**[9]を行いましょう。今回は、2種類のデータ結合を行います。1つ目が、4月の販売情報と5月の販売情報を「**縦**」に結合する「**Union**」という操作です。2つ目が、顧客番号や商品番号をもとにすべてのデータを「**横**」に結合する「**Join**」という操作です。4月と5月の販売情報のUnionを行うには「**concat**」という命令を

左側の欄外：

**ワンポイント** ※8

Kaggle（https://www.kaggle.com/）やSignate（https://signate.jp/）などのデータ分析の練習サイトで提供されるデータも、分析対象のデータが1つのファイルにまとまっていることが多いです。KaggleやSignateでAIを用いたデータ分析の練習をするだけでなく、現場を意識してデータ結合の練習もバランスよく行うと、より実践的なデータサイエンティストを目指すことができます。

**ワンポイント** ※9

「Union」と「Join」はデータベース操作言語の「SQL」に備わる機能で、複数の表を結合する機能のことです。

176

使います。4月と5月の販売情報は「transaction_4」と「transaction_5」という変数に格納されていますので、これらをconcatで結合することで縦に連結された全期間の販売情報のデータにすることができます。Unionした結果は「transaction」という変数に代入します。

リスト12-5　4月と5月の販売情報のUnion

```
transaction = pd.concat([transaction_4, transaction_5],
ignore_index=True)
transaction
```

▶実行結果

| | 販売番号 | 販売日 | 商品番号 | 顧客番号 |
|---|---|---|---|---|
| 0 | transaction1 | 2021-04-01 | item1 | customer1 |
| 1 | transaction2 | 2021-04-02 | item2 | customer2 |
| 2 | transaction3 | 2021-04-03 | item3 | customer1 |
| 3 | transaction4 | 2021-05-01 | item3 | customer2 |
| 4 | transaction5 | 2021-05-02 | item4 | customer1 |
| 5 | transaction6 | 2021-05-03 | item4 | customer2 |

　結合したtransactionを見てみると、商品番号と顧客番号の列があります。これらの番号は商品情報と顧客情報にもありますので、商品番号と顧客番号をもとに紐づけを行うと、複数に分かれたデータのJoinができそうです。

　Joinを行うには「**merge**」という命令を使います。mergeの命令の中でtransactionとitemの2つの変数をならべ、「on= "商品番号"」とすると、販売情報の商品番号と、商品情報の商品番号を相互に参照しながら一致するものを探して、2つの情報を結合することができます。Joinした結果は「join_data」という変数に代入します。

リスト12-6　販売情報と商品情報のJoin

```
join_data = pd.merge(transaction, item, on="商品番号")
join_data
```

|   | 販売番号 | 販売日 | 商品番号 | 顧客番号 | 商品名 | 単価 | 仕入れ先 |
|---|----------|--------|----------|----------|--------|------|----------|
| 0 | transaction1 | 2021-04-01 | item1 | customer1 | パン | 100 | A食品 |
| 1 | transaction2 | 2021-04-02 | item2 | customer2 | コーヒー | 120 | B飲料 |
| 2 | transaction3 | 2021-04-03 | item3 | customer1 | サラダ | 200 | C農園 |
| 3 | transaction4 | 2021-05-01 | item3 | customer2 | サラダ | 200 | C農園 |
| 4 | transaction5 | 2021-05-02 | item4 | customer1 | おにぎり | 150 | D食品 |
| 5 | transaction6 | 2021-05-03 | item4 | customer2 | おにぎり | 150 | D食品 |

販売情報と顧客情報のJoinについても同様の手順で行います。mergeの命令の中でtransactionとcustomerの2つの変数をならべ、「on= "顧客番号"」とすると、販売情報と顧客情報を結合することができます。Joinしたデータは行の並び方が不規則となるため、「sort_values」という命令を用いて、販売日の昇順でデータを並び替えます。最後に、「reset_index」という命令を用いて、左側の通し番号を振りなおせばデータ結合の処理は完了です。

リスト12-7　販売情報と顧客情報のJoin

```
join_data = pd.merge(join_data, customer, on="顧客番号")
join_data = join_data.sort_values('販売日', ascending=True)
join_data = join_data.reset_index(drop=True)
join_data
```

▶実行結果

|   | 販売番号 | 販売日 | 商品番号 | 顧客番号 | 商品名 | 単価 | 仕入れ先 | 顧客氏名 | 顧客住所 | 顧客電話番号 | 顧客メールアドレス |
|---|----------|--------|----------|----------|--------|------|----------|----------|----------|--------------|----------------------|
| 0 | transaction1 | 2021-04-01 | item1 | customer1 | パン | 100 | A食品 | 田中太郎 | 山口県山口市滝町1番1号 | 083-922-3111 | tanaka@sample.com |
| 1 | transaction2 | 2021-04-02 | item2 | customer2 | コーヒー | 120 | B飲料 | 山田花子 | 青森県青森市長島一丁目1-1 | 017-722-1111 | yamada@sample.com |
| 2 | transaction3 | 2021-04-03 | item3 | customer1 | サラダ | 200 | C農園 | 田中太郎 | 山口県山口市滝町1番1号 | 083-922-3111 | tanaka@sample.com |
| 3 | transaction4 | 2021-05-01 | item3 | customer2 | サラダ | 200 | C農園 | 山田花子 | 青森県青森市長島一丁目1-1 | 017-722-1111 | yamada@sample.com |
| 4 | transaction5 | 2021-05-02 | item4 | customer1 | おにぎり | 150 | D食品 | 田中太郎 | 山口県山口市滝町1番1号 | 083-922-3111 | tanaka@sample.com |
| 5 | transaction6 | 2021-05-03 | item4 | customer2 | おにぎり | 150 | D食品 | 山田花子 | 青森県青森市長島一丁目1-1 | 017-722-1111 | yamada@sample.com |

データ分析に用いるデータは、データを扱っている部署が異なるというビジネス上の理由や、データベースの正規化などのシステム上の理由により、複数のファイルに分割されているケースがほとんどです。

今回学んだデータ結合の方法を身につけておけば、複数に分割されたデータを1つのファイルにまとめることができるため、このあとの**データ分析をスムーズに進めることができます**[※10]。

# 12-4 | データクレンジング

## データクレンジングとは

収集した直後のデータのことを「**生データ**」と呼びます。生データには、データの値がおかしくなっている「**異常値**」が含まれていたり、何らかのデータがあるべきところにデータがないという「**欠損値**」が含まれていたりします。たとえば、身長の値がマイナスの値となっている場合は異常値です。また、値が空欄となっている場合は欠損値です。そこで、データ分析の障害となる異常値や欠損値を取り除く「**データクレンジング**<sup>※11</sup>」という作業が必要となります。

データ分析において、データクレンジングは最も重要な作業であると言われています。それは、データ分析の精度が、データクレンジングをどのくらい丁寧に行ったかによって決まるからです。どんなに高度なAIや統計を用いたとしても、分析するデータに異常値や欠損値が含まれる「**汚い**」データのままだと、データが持つ意味を正しく理解することができません。

データクレンジングは、データの内容や分析目的に合わせて柔軟な対応が必要となるため、完全な自動化が難しく、データサイエンティストが手作業で行う必要があります。そのため、データサイエンスの**全工程の80%以上**はデータクレンジングに費やされるとも言われています。

> **用語解説** ※11
> **データクレンジング**
> データクレンジングとは、生データを異常値や欠損値の含まれない「綺麗」なデータに修正して、データを分析可能な状態にすることです。データクレンジングは料理における下ごしらえのようなもので、おいしい料理を作るためには必要不可欠な作業なのです。データクレンジングはデータクリーニングとも呼ばれます。データクレンジングでは、特定の値を入力または修正しなければならない場合もあれば、値をすべて削除しなければならない場合もあります。

| | A | B | C | D |
|---|---|---|---|---|
| 1 | 学年 | 性別 | 身長 | 体重 |
| 2 | 1 | 男性 | 300 | 62.3 |
| 3 | 2 | | 151.3 | 52.3 |
| 4 | | 男性 | 175.8 | 68.9 |
| 5 | 3 | 女性 | | 54.6 |
| 6 | 4 | 女性 | 149.3 | −1 |

データクレンジング →

| | A | B | C | D |
|---|---|---|---|---|
| 1 | 学年 | 性別 | 身長 | 体重 |
| 2 | 1 | 男性 | 169.7 | 62.3 |
| 3 | 2 | 女性 | 151.3 | 52.3 |
| 4 | 2 | 男性 | 175.8 | 68.9 |
| 5 | 3 | 女性 | 158.9 | 54.6 |
| 6 | 4 | 女性 | 149.3 | 50.1 |

図12-6 異常値や欠損値のデータクレンジング

## Pythonでデータクレンジング

今回は、文房具の小売店の商品販売に関するデータを対象に、データクレンジングの具体的な技術について学びましょう。

**小売店のデータ**[※12]は、**人間が入力する機会が多いデータ**であることから、非常に「汚い」データであることが多く、データクレンジングの練習にぴったりのデータです。

小売店のデータは、コンピュータによって完全に管理されたデータではないので、データ入力の際に人間の手を介在します。そのため、日付などの入力ミスや、データの抜け漏れ等、人間ならではの「間違い」を多く含みます。人間からすると大差がないような「ひらがな」と「カタカナ」の違いなども、データ分析においては誤作動を引き起こす「汚い」データとなります。

実際のビジネス現場で頻繁に登場する「汚い」データを、AIや統計で分析できる「綺麗な」データに変換する方法を学びましょう。

**ワンポイント** [※12]

小売店では、レジの会計情報や、陳列した商品情報を、エクセルなどの電子ファイルに手入力することが多いため、入力ミスが多くなります。データには人間由来のミスが含まれることを前提とした分析が必要となります。

## データの読み込み

まず、文房具の小売店の商品販売に関するデータをColaboratoryで読み込みます。ファイル名は「クレンジング前.xlsx」です。このファイルは本書のサポートサイト（P.12参照）からダウンロードできます。

「クレンジング前.xlsx」を、ファイルエクスプローラにドラッグ＆ドロップすると、Colaboratoryにファイルをアップロードすることができます。Pandasライブラリを使ったファイルの読み込み方は、以前に説明したやり方と同じです（P.174参照）。読み込んだ結果は「uriage_data」という変数に代入します。以降、リストの内容は「＋コード」をクリックして、新しい入力欄に入力するようにしてください。たとえば、リスト12-8とリスト12-9の内容は、異なる入力欄に入力して実行してください。

リスト12-8　クレンジング前のデータの読み込み

```python
import pandas as pd
uriage_data = pd.read_excel("クレンジング前.xlsx")
uriage_data
```

▶実行結果

| | 日付 | 曜日 | 商品名 | 価格 | 個数 | 顧客の性別 | 顧客の年齢 |
|---|---|---|---|---|---|---|---|
| 0 | 2021-04-01 | 木 | ノート | 100 | 1 | 男性 | 24.0 |
| 1 | 2021-04-02 | 金 | 鉛筆 | 80 | 5 | 女性 | 16.0 |
| 2 | 2021-04-03 | 土 | マジック | 200 | 1 | 男性 | 15.0 |
| 3 | 2021-04-04 | NaN | マジック | 200 | 2 | 女性 | 9.0 |
| 4 | 2021-04-05 | 月 | ノート | 100 | 2 | 女性 | NaN |
| 5 | 2021-04-06 | 火 | ハサミ | 400 | 1 | NaN | 14.0 |
| 6 | 2021-04-07 | 水 | はさみ | 400 | 2 | 女性 | 19.0 |

## データを補完

　読み込んだデータの「曜日」列には、欠損値のことを表す「**NaN**[13]」というデータが入っています。欠損値の種類によっては、空欄になっているところにどのような値を補完したらよいかわからないこともありますが、2021年4月4日の曜日は「日曜日」であることは、カレンダーを見ればすぐに分かります。

　そこで、この欠損値には日曜日を表す「日」という文字を補完しましょう。locという命令を使うと、指定した行と列のところに値を代入することができます。ここでは、「曜日」列の「4」行目に「日」という文字を代入することで補完しています。

　Pythonなどのプログラミング言語では、0から数を数えるのが一般的ですので、4行目に値を代入したいときには、0,1,2,3と数えて「**3**」を指定します。

リスト12-9　曜日の欠損値を補完

```
uriage_data.loc[3, "曜日"] = "日"
uriage_data
```

▶実行結果

| | 日付 | 曜日 | 商品名 | 価格 | 個数 | 顧客の性別 | 顧客の年齢 |
|---|---|---|---|---|---|---|---|
| 0 | 2021-04-01 | 木 | ノート | 100 | 1 | 男性 | 24.0 |
| 1 | 2021-04-02 | 金 | 鉛筆 | 80 | 5 | 女性 | 16.0 |
| 2 | 2021-04-03 | 土 | マジック | 200 | 1 | 男性 | 15.0 |
| 3 | 2021-04-04 | 日 | マジック | 200 | 2 | 女性 | 9.0 |
| 4 | 2021-04-05 | 月 | ノート | 100 | 2 | 女性 | NaN |
| 5 | 2021-04-06 | 火 | ハサミ | 400 | 1 | NaN | 14.0 |
| 6 | 2021-04-07 | 水 | はさみ | 400 | 2 | 女性 | 19.0 |

用語解説 [13]

**NaN**

非数「Not a Number」を表す値です。プログラミングにおいては、なんらかの数値であることが期待される演算や処理の結果が、数値として表せないものになったことを示す特殊な表現です。

次は、商品名の列を見てみましょう。商品名の列には欠損値は見られませんが、文字列の「**表記揺れ**[※14]」が存在しています。

たとえば、「ハサミ」と「はさみ」は同じ商品のことを指しますが、カタカナとひらがなの違いにより別の文字列となっています。人間は文字列の表記揺れを頭の中で補完して理解することができますが、コンピュータは表記揺れを理解することができません。そのため、このままデータ分析を行ってしまうと、「ハサミ」と「はさみ」はそれぞれ別の商品として集計されてしまい、本来1つの商品である「ハサミ」の正確な集計が得られません。

このように、データの表記揺れをあやふやにしたまま分析しても、信頼できない分析結果となってしまいます。そこで、ひらがなの「はさみ」を、カタカナの「ハサミ」に変更して、商品名の表記揺れを修正しましょう。**replace** という命令を使うと、特定の文字列を別の文字列に変更することができます。ここでは、商品名の列に含まれる文字列のうち、「はさみ」に該当する文字があった場合は、「ハサミ」に変更するという処理を行っています。

用語解説 ※14

**表記揺れ**
表記揺れとは、同じ意味を示す異なる文字のことです。表記揺れの種類には、送り仮名の違い(例:「名残」「名残り」)、ひらがなやカタカナの違い(例:「いぬ」「イヌ」)、漢字の違い(例:「旨い」「美味い」)、カタカナ語の違い(例:「プリンター」「プリンタ」)などがあります。

リスト12-10　商品名の表記揺れを修正

```
uriage_data["商品名"] = uriage_data["商品名"].str.replace("はさ
み", "ハサミ")
uriage_data
```

▶実行結果

|   | 日付 | 曜日 | 商品名 | 価格 | 個数 | 顧客の性別 | 顧客の年齢 |
|---|------|------|--------|------|------|-----------|-----------|
| 0 | 2021-04-01 | 木 | ノート | 100 | 1 | 男性 | 24.0 |
| 1 | 2021-04-02 | 金 | 鉛筆 | 80 | 5 | 女性 | 16.0 |
| 2 | 2021-04-03 | 土 | マジック | 200 | 1 | 男性 | 15.0 |
| 3 | 2021-04-04 | 日 | マジック | 200 | 2 | 女性 | 9.0 |
| 4 | 2021-04-05 | 月 | ノート | 100 | 2 | 女性 | NaN |
| 5 | 2021-04-06 | 火 | ハサミ | 400 | 1 | NaN | 14.0 |
| 6 | 2021-04-07 | 水 | ハサミ | 400 | 2 | 女性 | 19.0 |

## 欠損値の変更

「顧客の性別」列にも欠損値があります。2021年4月6日にハサミを購入した人という情報だけでは、この顧客が男性なのか、女性なのかはわかりません。ハサミという商品は、性別に関わらず購入される商品であるため、商品名から性別を推測することも困難です。

そこで今回は、データの「**最頻値**[15]」を調べて欠損値を補完するという方法を用います。文房具の小売店の顧客には、男性と女性のどちらが多いのかを調べて、多いほうの顧客の性別を空欄に補完するという考え方です。

**mode** という命令を使うと、データの中の最頻値を調べることができます。最頻値は「女性」となっていますので、この小売店では女性の顧客のほうが多いことがわかります。**fillna** という命令を使うと、欠損値の「NaN」を指定した値に変更することができます。ここでは、欠損値の「NaN」に「女性」という文字列を代入します。曜日の欠損値を補完したときと同じやり方で、locで行番号と列名を指定して補完することもできますが、すべての欠損値を同じ値にする場合はfillnaを使うやり方のほうが簡単です。

<table>
<tr><td>用語解説</td><td>※15</td></tr>
</table>

**最頻値**

最頻値とは、データの中で最も頻繁に出現する値のことです。モード（Mode）とも呼ばれます。ビジネスの世界では、最も割合の多い客層などの最頻値をターゲットとしたマーケティングがよく行われます。

リスト12-11　顧客の性別の欠損値を補完①

```
uriage_data["顧客の性別"].mode()
```

▶実行結果

```
0    女性
dtype: object
```

リスト12-12　顧客の性別の欠損値を補完②

```
uriage_data["顧客の性別"] = uriage_data["顧客の性別"].fillna("女性")
uriage_data
```

▶実行結果

|  | 日付 | 曜日 | 商品名 | 価格 | 個数 | 顧客の性別 | 顧客の年齢 |
|---|---|---|---|---|---|---|---|
| **0** | 2021-04-01 | 木 | ノート | 100 | 1 | 男性 | 24.0 |
| **1** | 2021-04-02 | 金 | 鉛筆 | 80 | 5 | 女性 | 16.0 |
| **2** | 2021-04-03 | 土 | マジック | 200 | 1 | 男性 | 15.0 |
| **3** | 2021-04-04 | 日 | マジック | 200 | 2 | 女性 | 9.0 |

| | | | | | | | |
|---|---|---|---|---|---|---|---|
| **4** | 2021-04-05 | 月 | ノート | 100 | 2 | 女性 | NaN |
| **5** | 2021-04-06 | 火 | ハサミ | 400 | 1 | 女性 | 14.0 |
| **6** | 2021-04-07 | 水 | ハサミ | 400 | 2 | 女性 | 19.0 |

最後に、「顧客の年齢」列の欠損値を修正しましょう。

顧客の性別と同様に、顧客の年齢を推測することは困難であるため、データの「**平均値**[※16]」を使って欠損値を補完します。ここでは、すべての顧客の年齢を足し合わせて、顧客の人数で割った値を用います。

**mean** という命令を使うと、データの中の平均値を算出することができます。顧客の年齢の平均値は約16歳であることがわかります。ここでは、小数点以下を四捨五入した「16」を、fllna命令を用いて欠損値に代入しています。

以上の作業で、文房具の小売店のデータに対するデータクレンジングは完了です。データクレンジングにはとても長い時間が必要ですが、データを綺麗にすることによって、精度の高いAIを作ったり、統計学を用いた綿密な分析をすることが可能となるのです。

用語解説 ※16
**平均値**
平均値は、普段の生活の中で最もよく使われています。データの中に異常値や外れ値が含まれていると、平均値の値はその値に引っ張られてしまうという性質があります。そのため、データサイエンスでは、平均値だけでなく中央値（Median）もよく使われます。

リスト12-13　顧客の年齢の欠損値を補完①

```
uriage_data["顧客の年齢"].mean()
```

▶実行結果

```
16.166666666666668
```

リスト12-14　顧顧客の年齢の欠損値を補完②

```
uriage_data["顧客の年齢"]=uriage_data["顧客の年齢"].fillna(16)
uriage_data
```

▶実行結果

| | 日付 | 曜日 | 商品名 | 価格 | 個数 | 顧客の性別 | 顧客の年齢 |
|---|---|---|---|---|---|---|---|
| **0** | 2021-04-01 | 木 | ノート | 100 | 1 | 男性 | 24.0 |
| **1** | 2021-04-02 | 金 | 鉛筆 | 80 | 5 | 女性 | 16.0 |
| **2** | 2021-04-03 | 土 | マジック | 200 | 1 | 男性 | 15.0 |
| **3** | 2021-04-04 | 日 | マジック | 200 | 2 | 女性 | 9.0 |
| **4** | 2021-04-05 | 月 | ノート | 100 | 2 | 女性 | 16.0 |
| **5** | 2021-04-06 | 火 | ハサミ | 400 | 1 | 女性 | 14.0 |
| **6** | 2021-04-07 | 水 | ハサミ | 400 | 2 | 女性 | 19.0 |

# 第13講

# 時系列データと
# 文章データの分析

**本講で紹介するリストのソースコードは下記のURLにあります。**

https://colab.research.google.com/drive/1TyI2t_3t4etHMrqBWGjgCtbuHoC2hQNo?usp=sharing

# 13-1 | 時系列データ分析

## 時系列データ分析とは

**時系列データ**[※1] とは、時間の経過に沿って記録されたデータのことです。毎日の気温や株価など、人間の生活の中で扱う機会の多いものです。これらの記録された時系列データを統計的に解析することで、将来の値を予測するのが**時系列分析**です。

オンラインショップの売り上げ情報から、SNSの文章や画像に至るまで、世の中のさまざまなデータは、それが記録されたときの時間の情報を合わせて持っています。時間に関する情報を持っていることから、これらのすべてのデータが時系列データであるように思えるのですが、実際はそうではありません。

時系列データとは「**ある一定の時間間隔で定期的に測定された情報の集まり**」のことです。これに対して、一定の時間間隔ではなく、事象が発生したタイミングでばらばらに測定されたデータは「**点過程データ**」と呼ばれます。

## 時系列データと点過程データの違い

時系列データと点過程データをグラフで図示すると、次のような違いがあります。

時系列データは、一定の時間間隔で測定された情報として扱うため、データとデータの間を線でつないだ状態で図示されます。つまり、ある時点で測定されたデータと、その1つ前に測定されたデータとの間は、おそらく**直線的に変化**するであろうと仮定しているのです。

実際は、この2つのデータの間でどのような変化が起きているのかは、測定したデータがないため不明なのですが、それを直線的に変化するであろうと仮定して補完しているのです。時系列データの分析は、一定間隔で測定された複数のデータの関係性に着目しながら、あるデータが時間経過とともにどのように変化していくかという**将来の傾向**を把握することを目的としています。

一方、**点過程データ**<sup>※2</sup> に対してはこのような仮定は置きません。点過程データのグラフは、あるデータが測定された時に、その数値の大きさだけ縦に長い線として表示されます。点過程データは、測定された時間ごとに記録されたデータとなるため、1つ前のデータとの時間間隔はばらばらになります。2つのデータの時間間隔が1秒以内の場合もあれば、1年以上の場合もあるのです。そのため、点過程データの分析は、複数のデータの関係性に着目して将来を予測するよりも、**ある事象が発生する瞬間のメカニズム**を分析することを目的としています。

**ワンポイント** ※2

点過程データ分析では、地震の発生、神経細胞のスパイク発火、金融取引の発生、保険事故の発生、SNSのユーザ投稿など、事象が発生した瞬間のデータを分析します。

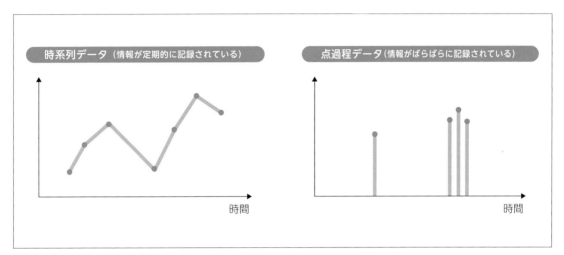

**時系列データ**（情報が定期的に記録されている）

時間

**点過程データ**（情報がばらばらに記録されている）

時間

図13-1 時系列データと点過程データ

## 目的変数と説明変数

時系列データ分析の目的は、ある値が将来どのように変化するのかを予測することです。時系列データの分析では、気温や株価などの予測したい値のことを「**目的変数**」、目的変数が記録された時の日時のデータを「**説明変数**」と呼びます。たとえば、ある日の10時30分の気温が20℃であった場合は、20℃を目的変数、10時30分を説明変数と呼びます。

ある日時（説明変数）の気温（目的変数）を定期的に記録し、それらのデータを時系列データとして分析することで、目的変数の将来の値を予測できるのです。しかし、本当に過去の目的変数と説明変数を分析するだけで、将来の目的変数を正しく予測できるものなのでしょうか。

将来を予測するという時系列データ分析では、説明変数である「日時」がとても重要な役割を果たします。日時とは「2020年12月16日12時40分30

秒」などの形式で保存される時間に関するデータのことです。日時は意外に多くの情報を含んでいるのです。

　日時データからは「年」、「月」、「日」、「時」「分」、「秒」の情報を抽出できます。さらに、「曜日」や「干支」などの付加情報も抽出することができます。このとき、日時から抽出された情報の中に、ある共通する性質が存在することに気づきます。それは「**日時の情報には周期性がある**」ということです。たとえば、1年間は1月～12月という周期を、1か月は1日～31日という周期を、1週間は月曜日～日曜日という周期を、1日は0時～24時という周期をそれぞれ繰り返しています。

　日時は周期性を持っているのですが、世の中の事象に関するデータも、日時に基づいた周期性を持っていることが多いです。たとえば、デパートの売り上げは、平日より週末のほうが多くなり、同じ日曜日ならばだいたい同じ傾向になります。また、1年前の12月と今年の12月もだいたい同じ傾向になるはずです。このように、データを時間の周期に着目して分析すると、データの変化に一定のパターンが見えてくることがあります。時系列分析の根本にある考えは、このような「**時間の周期性を前提とした予測**[※3]」を行うことにあります。

# 13-2 | 時系列データの変動要因

## 傾向変動

　時系列データはデータの周期的な時間変化を分析すると述べましたが、時間軸でデータが変わっていく要因として、「傾向変動」、「循環変動」、「季節変動」、「不規則変動」の4種類が挙げられます。

　**傾向変動（トレンド）**は、長期的に見て上昇しているのか、それとも下降しているのかを示すものです。時系列データの細かい変化ではなく、総合的な変化傾向を確認できることが特徴です。たとえば、地球温暖化による影響で気温が数十年の間に上昇しているのであれば、気温は長期的な増加傾向のトレンドがあるということを意味します。傾向変動を算出する方法として**移動平均法**[※4]や**最小二乗法**[※5]などの手法があります。

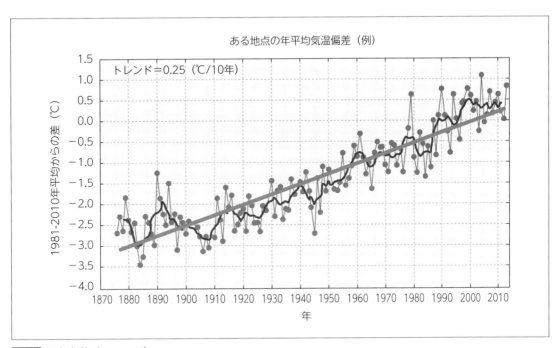

図13-2 傾向変動（トレンド）
出典：気象庁HP
URL：https://www.data.jma.go.jp/cpdinfo/temp/trend.html

**用語解説** [※4]
**移動平均法**
時系列データをある一定区間ごとに区切り、それらの平均値を求めます。そして、区間をずらしながら（移動しながら）、平均値を繰り返し求める手法のことです。

**用語解説** [※5]
**最小二乗法**
時系列データの値と、トレンドの予測値との誤差の二乗の和を最小にすることで、最も確からしい関係式を求める手法のことです。

## 循環変動

**循環変動（サイクル）**は、ある周期性をもって現れる変化を示すものです。傾向変動は測定期間全体の長期的な傾向を示すのに対し、循環変動は測定期間の部分的な傾向を示します。

循環変動の周期は一定ではありませんが、周期的に繰り返される上昇と下降の動きが必ずセットで含まれています。たとえば、日本経済の景気のように数年程度の期間で繰り返し起こる変化が循環変動です。

日本では戦後の景気の循環変動が、これまでに14回ありました。循環変動は直接算出する手法がないため、時系列データから傾向変動と季節変動を除去して算出する方法が一般的です。

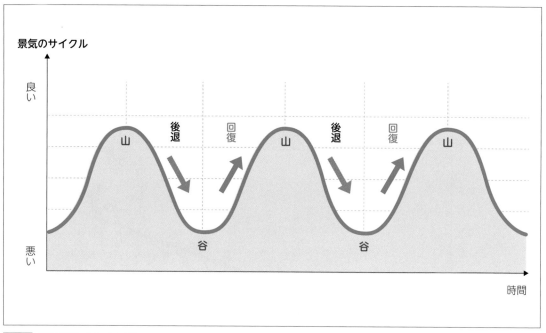

図13-3 循環変動（サイクル）

## 季節変動

**季節変動（シーズナル）**は、一定の周期ごとに繰り返される変化を示すものです。循環変動の周期は一定ではありませんが、季節変動の周期は一定です。

季節変動という名前から、1年間の四季の変動を連想しがちですが、半年、四半期、月別、週別を周期とする繰り返し変動も季節変動として考えます。

たとえば、デパートの1週間の売り上げの変化傾向や、1年間の旅行者の変化傾向を見るものです。デパートの売り上げは週末に上昇したり、旅行者は夏季休暇に増加したりするなどの傾向を掴むことができます。季節変動を算出する手法としては、**月別平均法**[※6]、**移動平均法**、**連環比率法**[※7]があります。

**用語解説** ※6

**月別平均法**

1年間のデータを月別に落とし込む方法です。月別平均法は1年間のデータの合計÷12×季節指数で表されます。季節指数とは過去数年間の各月平均売上÷総月数の平均で求められます。

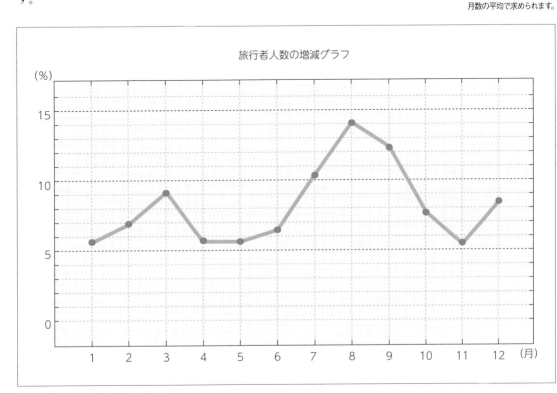

**図13-4** 季節変動（シーズナル）

## 不規則変動

**不規則変動（ノイズ）**は、上記3つの変動要素では説明がつかない短期的な変化を示すものです。たとえば、突然の天災などによる株価の変動などです。2020年初頭のコロナ発生により世界の株価が大幅に下落したことは記憶に新しいところです。時系列データ分析において、不規則変動を予期しながら将来を予想することはとても難しいのですが、**信頼区間**[※8]などの統計のテクニックを用いると、不規則変動のリスクを上手にコントロールすることができます。

**用語解説** ※7

**連環比率法**

月ごとの前月比を計算し、その前月比の平均値を季節変動値とみなす方法です。

**用語解説** ※8

**信頼区間**

統計学で母集団の真の値が含まれることが、かなり確信できる数値範囲のことです。

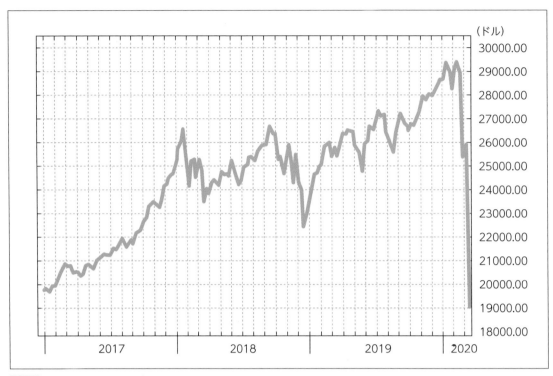

不規則変動（ノイズ）

　実際の時系列データには、これらの4種類の変動要素の全てが含まれています。時系列データを分析する際は、**4種類の変動要素を複合的に考慮**しながら、統計などの数学的なテクニックを用いて、将来の目的変数をなるべく正しく予測することを試みます。

　時系列データの分析に用いる数学は、統計に関する高度な専門知識を必要とするものが多いため、本書では割愛いたします。しかしながら、時系列データを分析し解釈する際に、これらの変動要素が影響していることは理解しておいてください。

# 13-3 | 時系列データ分析演習 (二酸化炭素排出量の予測)

## Prophetのインストール

ここからは、実際の時系列データに対する分析をPythonで行いましょう。時系列データ分析は数値を予測する分析手法です。目的変数の過去のデータに対して統計分析を行うことで、現在、未来の値を予測します。

時系列データ分析にはある程度の数学知識が必要であり、初心者がすぐに時系列分析を始めることは困難でした。しかし、2017年にFacebook社が「**Prophet**[9] (https://facebook.github.io/prophet/)」と呼ばれる時系列分析用のライブラリを公開したことで、誰でも簡単に時系列分析を始めることができるようになりました。本講では、Prophetを用いて実際の時系列データに対する時系列分析を行います。

最初に、ColaboratoryにProphetをインストールしましょう。Colaboratoryを起動したら、「!pip install fbprophet」と入力して実行してください。以降、リストの内容は「＋コード」をクリックして、新しい入力欄に入力するようにしてください。たとえば、リスト13-1とリスト13-2の内容は、異なる入力欄に入力して実行してください。インストール中はたくさんのメッセージが表示されますが、そのまましばらく待つと完了します。

リスト13-1 Prophetのインストール

```
!pip install fbprophet
```

▶実行結果

```
Requirement already satisfied: fbprophet in /usr/local/lib/
python3.6/dist-packages (0.7.1)
・・・(省略)・・・
```

## 時系列データの読み込み

Prophetのインストールが終わったら、時系列データの読み込みを行いましょう。

ワンポイント [9]

時系列データ分析は、機械学習の黎明期から存在する分析テーマの一つです。古典的な「AR (Auto Regression：自己回帰)」モデルから、最先端のAIを用いた「LSTM」(Long Short-Term Memory)まで、さまざまな分析アルゴリズムが存在しています。Facebookの開発したProphet (Prophetは「預言者」という意味)は、簡単な操作で精度の高い時系列データ分析を実施してくれます。

分析に利用するデータは「マウナ・ロア山(ハワイ)の二酸化炭素排出量」に関する時系列データ(https://scrippsco2.ucsd.edu/data/atmospheric_co2/primary_mlo_co2_record.html)です。**1958年から現在に至るまで、マウナ・ロア山の二酸化炭素排出量を定期的に記録したデータ**[※10]となっています。

**出典**　　　[※10]

C. D. Keeling, S. C. Piper, R. B. Bacastow, M. Wahlen, T. P. Whorf, M. Heimann, and H. A. Meijer, Exchanges of atmospheric CO2 and 13CO2 with the terrestrial biosphere and oceans from 1978 to 2000. I. Global aspects, SIO Reference Series, No. 01-06, Scripps Institution of Oceanography, San Diego, 88 pages, 2001.

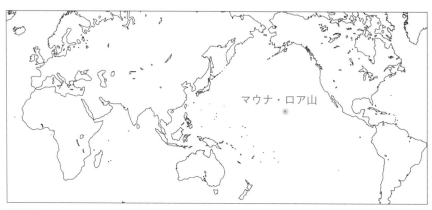

マウナ・ロア山

図13-6 Mauna Loa CO2 Record

読み込んだ時系列データを表示すると、「Date」列には日時に関するデータが格納されており、「CO2」列には二酸化炭素排出量が格納されていることが分かります。

リスト13-2　時系列データの読み込み

```
from vega_datasets import data
co2 = data.co2_concentration()
co2
```

▶実行結果

|   | Date | CO2 |
|---|---|---|
| 0 | 1958-03-01 | 315.70 |
| 1 | 1958-04-01 | 317.46 |
| 2 | 1958-05-01 | 317.51 |
| 3 | 1958-07-01 | 315.86 |
| 4 | 1958-08-01 | 314.93 |
| ... | ... | ... |
| 708 | 2017-08-01 | 405.24 |
| 709 | 2017-09-01 | 403.27 |
| 710 | 2017-10-01 | 403.64 |
| 711 | 2017-11-01 | 405.17 |
| 712 | 2017-12-01 | 406.75 |

713 rows × 2 columns

## 時系列データの可視化

　読み込んだデータをグラフで可視化してみましょう。以下のグラフはデータ可視化ライブラリの「**plotly**」を用いて、二酸化炭素排出量の時系列データの可視化を行った結果です。マウナ・ロア山の二酸化炭素排出量は、1960年から2018年の間に少しずつ増加しているという**傾向変動**があることが分かります。また、グラフは形の整ったギザギザの形状となっていることから、一定の周期ごとに上昇と下降を繰り返す**季節変動**があることが分かります。

リスト13-3　時系列データの可視化

```
import plotly.express as px
px.line(co2,x="Date",y="CO2")
```

▶実行結果

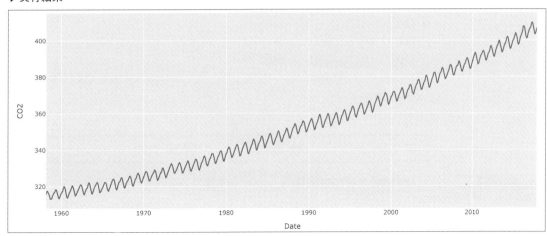

図13-7 時系列データの可視化

## 時系列データの事前処理

　早速、Prophetを使った将来予測や変動分析を始めたいところですが、Prophetには1つだけ守らないといけないルールがあります。それは分析するデータに関する形式です。分析するデータの列名に関しては、以下の命名規則を守る必要があります。

・説明変数（日時）の列名：ds
・目的変数（二酸化炭素排出量）の列名：y

説明変数の列名「Date」を「ds」に、目的変数の列名「CO2」を「y」に変換するために、「**rename**」という命令を実行します。

リスト13-4　時系列データの事前処理

```
co2.rename(columns={"Date":"ds","CO2":"y"},inplace=True)
co2
```

▶実行結果

|     | ds         | y      |
| --- | ---------- | ------ |
| 0   | 1958-03-01 | 315.70 |
| 1   | 1958-04-01 | 317.46 |
| 2   | 1958-05-01 | 317.51 |
| 3   | 1958-07-01 | 315.86 |
| 4   | 1958-08-01 | 314.93 |
| ... | ...        | ...    |
| 708 | 2017-08-01 | 405.24 |
| 709 | 2017-09-01 | 403.27 |
| 710 | 2017-10-01 | 403.64 |
| 711 | 2017-11-01 | 405.17 |
| 712 | 2017-12-01 | 406.75 |

713 rows × 2 columns

## 時系列データの将来予測

注意　※11
この操作を「クラスのインスタンス化」と呼びます。Prophetの機能がまとまった「クラス」を利用可能にする操作のことです。

「**model = Prophet()**[11]」という命令でProphetを使う準備をします。そして、「fit」という命令を実行することで、Prophetに分析するデータを読み込ませて時系列分析を行います。「**make_future_dataframe**」という命令は、時系列分析の結果に基づいて将来の値を予測する時の設定を行うものです。

今回は、1958年3月から200ヶ月先までを予測することにします。そのために、予測する期間の「periods」を200に、予測頻度の「freq」をMonthを表す「M」に設定しておきます。そして、「predict」という命令を実行することで将来予測を実行します。最後に「plot」という命令で将来予測の結果をグラフ化します。

Prophetは過去のデータに対して時系列分析を行い、目的変数の変動傾向を明らかにします。そして、「**将来の目的変数は、過去の目的変数の変動傾向と同じような変化をするはずである**」という時間の周期性を前提とした予測を行うことで、将来の二酸化炭素排出量の予測を行っています。実際に可

視化されたグラフは、過去のデータと同じような周期で数値を上下させながら、長期的には増加傾向にあるという予測結果になっています。

リスト13-5　時系列データの将来予測

```
from fbprophet import Prophet
model = Prophet()
model.fit(co2)
future = model.make_future_dataframe(periods=200, freq='M')
forecast = model.predict(future)
model.plot(forecast);
```

▶実行結果

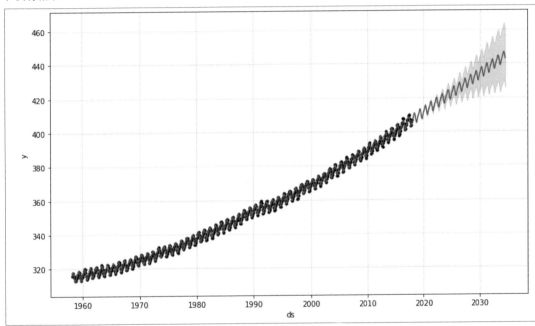

図13-8　時系列データの将来予測

　変動傾向ごとの分析結果を可視化するためには、「**plot_components**」という命令を実行します。デフォルトでは、上から順に傾向変動、季節変動が描画されます。二酸化炭素排出量は、長期的な傾向変動は増加傾向にあることが分かります。また、1年間の二酸化炭素排出量の季節変動は、5月頃に最も多くなり、9月頃に最も少なくなるという一定の周期を繰り返していることが分かります。

**リスト13-6　時系列データの変動分析**

```
model.plot_components(forecast);
```

▶実行結果

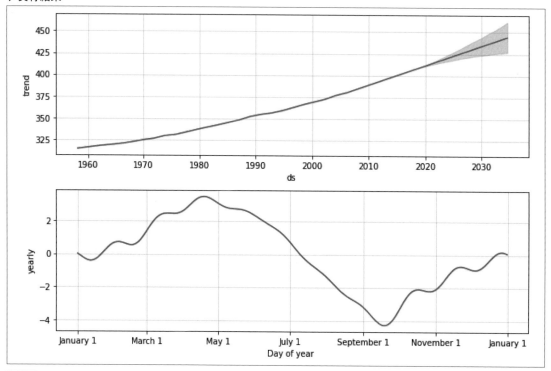

図13-9 時系列データの変動分析

　　二酸化炭素排出量に関する時系列データを対象に、Prophetによる時系列
データ分析を行いました。Prophetの予測結果は、私たちの目から見ても違
和感のない予測結果になっていたかと思います。

　　実際に、世の中に存在する時系列データに対してProphetによる時系列分
析を行うと、初心者でも簡単に、かなりの精度で将来の予測を行うことがで
きるようになっています。皆さんもいろいろな時系列データを自分で探し
て、将来の予測にチャレンジしてみてはいかがでしょうか。

# 13-4 文章データ分析

## 文章データとは

ここでは文章データの分析を行います。文章データとは、人間が普段の生活の中で使う日本語や英語などの言語で書かれた文章のことです。

人間が使う言語のことを「**自然言語**[※12]」と呼びます。自然言語は、長い歴史の中で、人間にとって使いやすくなるように進化してきました。人間は曖昧な情報から適切に意味を理解して行動することが得意なので、人間が使う自然言語にも**曖昧さ**が含まれたままです。

ワンポイント ※12
「英語」・「中国語」・「日本語」といった「○○語」の総称。

たとえば、「やる」という単語は、「仕事をやる（作業をする）」、「人をやる（使いに出す）」、「贈り物をやる（譲渡する）」など、前後の文脈によって意味が異なっています。人間はそれらを正しく理解して、使い分けることができます。

一方、コンピュータは自然言語に含まれる曖昧な意味を正しく理解できません。コンピュータは「**論理的**」に動作する機械です。つまり、指示されたことを、あらかじめ決められた手順でこなすことしかできないのです。

人間は「アレをアレしといて」という表現で意思疎通できることもありますが、コンピュータに指示をするときは「この品物を100メートル先まで運んで」などの具体的な指示が必要です。自然言語から曖昧性を排除し、コンピュータに指示を与えるために生まれた言語が「**プログラミング言語**」なのです。

## 分かち書き（トークン化）

コンピュータに人間の文章を理解させるためには、自然言語が持つ曖昧性を解消し、プログラミング言語のような論理的な構造を持つ言語データに変換する必要があります。

特に、単語の「**分かち書き（トークン化）**」は、自然言語の分析で、最も基本的で重要な処理です。分かち書きとは、文章の構造を分析し、長い文章を個々の単語の組み合わせとして識別できるようにする処理です。

英語やフランス語などの欧米の自然言語は、単語と単語の間に**空白**を入

れる習慣があるため、長い文章から個々の単語を識別することは難しくありません。しかし、日本語の場合は、単語の間に区切り記号を持たないため、長い文章から単語を認識すること自体が**根本的な問題**[13]になります。また、単語をうまく抽出できたとしても、それぞれの単語の品詞の種類や活用形の種類などを正しく識別できなければ、自然言語の文章が持つ意味をコンピュータが正しく理解することができません。

そこで、自然言語の文章を、コンピュータが理解できる最小の部品データに変換する方法が「形態素解析」と「N-gram解析」です。

**注意**　　　　　　※13
世界の言語の中で、分かち書きをしないのは、日本語、漢語（中国語）、タイ語など、ごく一部の言語に限られます。

## 形態素解析

**形態素解析**とは、自然言語を動詞や名詞などの「**形態素**」にまで分割することです。形態素とは、意味を持つ自然言語の最小単位のことです。たとえば、「私はPythonでプログラミングをします」という文章を形態素解析すると、以下のような形態素に分割されます。

このように形態素解析をして最小単位になった単語を、**大量の辞書と文法の知識**を用いて、品詞に分解したり、活用形を判定したり、品詞情報から係り受け判別を行い文章全体の構造を解析します。

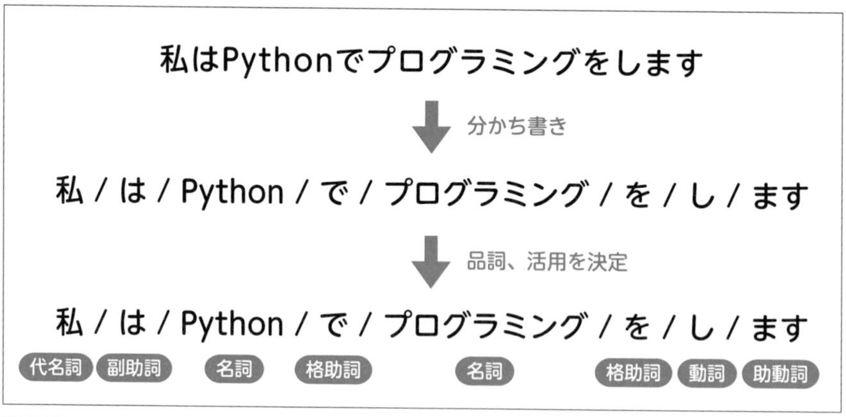

私はPythonでプログラミングをします

⬇ 分かち書き

私 / は / Python / で / プログラミング / を / し / ます

⬇ 品詞、活用を決定

私 / は / Python / で / プログラミング / を / し / ます
代名詞　副助詞　　名詞　　格助詞　　　　名詞　　　格助詞　動詞　助動詞

図13-10 形態素解析

## N-gram解析

**N-gram解析**とは、自然言語が持つ意味を考慮せずに、文字列を決められた長さで機械的に分割することです。たとえば、「私はPythonでプログラミングをします」という文章を長さ2（N = 2）でN-gram解析すると、図13-11

のように分割されます。

　N-gram解析による自然言語の分割は、形態素解析のような文法解析を伴わないため、特定の自然言語に依存しないという特徴があります。

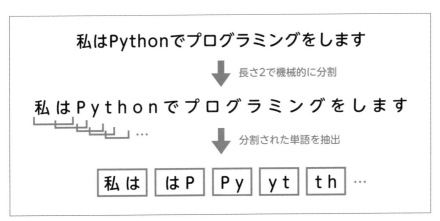

私はPythonでプログラミングをします

↓ 長さ2で機械的に分割

私 は P y t h o n で プ ロ グ ラ ミ ン グ を し ま す

↓ 分割された単語を抽出

| 私は | はP | Py | yt | th | … |

**図13-11** N-gram解析（N = 2）

　形態素解析は文章の構造の意味を解析するため、同じ意味の単語を繰り返している冗長な文章や、文法的に間違っていたりする無意味な文章を区別することができます。その代わり、単語が辞書に登録されていない場合は適切に分割できず、文章をうまく分割できなくなります。

　逆に **N-gram** [※14] なら単純なルールで機械的に分割するため、どんなに複雑な文章でも分割ができなくなるということはありませんが、コンピュータにとってはプロの小説家の文章も、小学生の文章も同じに見えてしまいます。

**ワンポイント** [※14]

N-gram解析は、自然言語の処理だけでなく、簡単な将来予測にも使うことができます。N-gram解析では、「野球を」の後には「する」が続くというように、どういう言葉の後にどういう言葉がつながるかを分析します。これをじゃんけんに応用することで、「この人はパーの次はチョキを出す」という未来の傾向を予測することもできます。

# 文章データ分析演習
# （スパムメールフィルタの作成）

## データセットの読み込み

　自然言語の文章データに対する分析を行いましょう。ここでは、自然言語で書かれた電子メールの文章を分析し、スパムメール（迷惑メール）を分類するためのフィルタを作成することにチャレンジします。

　分析に利用する**電子メールのデータセット**[15]は、カリフォルニア大学アーバイン校が提供している「SMS Spam Collection Dataset」（https://archive.ics.uci.edu/ml/datasets/SMS+Spam+Collection）を利用します。

　このURLからダウンロードできるデータセットを分析するためには、少し複雑なデータクレンジング処理が必要です。そこで、ある程度のデータクレンジングを施したデータセット（email.csv）を、本書のサポートサイトに用意しました（P.12参照）。本書のサポートサイトから「email.csv」を入手してColaboratoryにアップロードしてください。

　それでは、Colaboratoryで電子メールの文章データの読み込みを行いましょう。以降、リストの内容は「＋コード」をクリックして、新しい入力欄に入力するようにしてください。たとえば、リスト13-7とリスト13-8の内容は、異なる入力欄に入力して実行してください。読み込んだデータを表示すると、「type」列には、0か1の数字が入っていることが分かります。0は通常のメール、1はスパムメールを表しています。「text」列には、メールの中に記載されている自然言語の文章の内容が記載されています。

　日本語の自然言語の解析は難易度が高いため、今回は英語の電子メールのデータセットを分析することにしました。

リスト13-7　文章データの読み込み

```
import pandas as pd
email = pd.read_csv('email.csv')
email
```

**出典** [15]

Almeida, T.A., GÃ³mez Hidalgo, J.M., Yamakami, A. Contributions to the Study of SMS Spam Filtering: New Collection and Results. Proceedings of the 2011 ACM Symposium on Document Engineering (DOCENG'11), Mountain View, CA, USA, 2011. http://www.dt.fee.unicamp.br/~tiago/smsspamcollection/

▶実行結果

| | type | text |
|---|---|---|
| **0** | 0 | Go until jurong point crazy.. Available only ... |
| **1** | 0 | Ok lar... Joking wif u oni... |
| **2** | 1 | Free entry in 2 a wkly comp to win FA Cup fina... |
| **3** | 0 | U dun say so early hor... U c already then say... |
| **4** | 0 | Nah I don't think he goes to usf he lives aro... |
| **...** | ... | ... |
| **5566** | 0 | Why don't you wait 'til at least wednesday to ... |
| **5567** | 0 | Huh y lei... |
| **5568** | 1 | REMINDER FROM O2: To get 2.50 pounds free call... |
| **5569** | 1 | This is the 2nd time we have tried 2 contact u... |
| **5570** | 0 | Will ü b going to espla |

5571 rows × 2 columns

## ワードクラウドの作成

通常のメールとスパムメールにどのような単語がよく使われているかを調べてみましょう。**ワードクラウド（Word cloud）**[16]とは、頻出する単語を頻度に比例する大きさで雲のように並べた図のことです。リスト13-8のプログラムを実行すると、スパムメールのワードクラウドを作成することができます[17]。

作成されたワードクラウドを見てみると、スパムメールには「無料（Free）」「今すぐ（Now）」「携帯に（Mobile）」「電話して（Call）」などの単語が多いことを確認できます。プログラムを実行するたびに、作成されるワードクラウドは多少変化しますが、スパムメールに使われている単語の傾向は同じようになるはずです。

**用語解説** [16]
**ワードクラウド**
ワードクラウドはテキストデータをきれいに視覚化するための方法です。見た人の記憶に残りやすいため、マーケティングや営業などのビジネス活動に積極的に利用されています。

**注意** [17]
5行目の「spam_words = ' '.join(spam['text'])」の「' '」は、半角スペースを「'」ではさむように記述してください。

リスト13-8　ワードクラウドの作成（スパムメール）

```
from wordcloud import WordCloud
import matplotlib.pyplot as plt

spam = email[email['type'] == 1]
spam_words = ' '.join(spam['text'])
spam_wc = WordCloud()
spam_wc.generate(spam_words)
plt.imshow(spam_wc)
plt.show()
```

203

▶実行結果

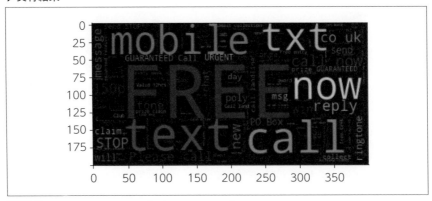

図13-12 ワードクラウドの作成（スパムメール）

　同様のやり方で、通常のメールのワードクラウドを作成します。通常の
メールには、スパムメールで頻出するような単語はあまり見かけられませ
ん。通常のメールとスパムメールでは、文章の中で使われる単語の種類に違
いがありそうです。この違いをうまく利用して、電子メールの中からスパム
メールを分類するためのフィルタを作成してみましょう。

リスト13-9　ワードクラウドの作成（通常のメール）

```
ham = email[email['type'] == 0]
ham_words = ' '.join(ham['text'])
ham_wc = WordCloud()
ham_wc.generate(ham_words)
plt.imshow(ham_wc)
plt.show()
```

▶実行結果

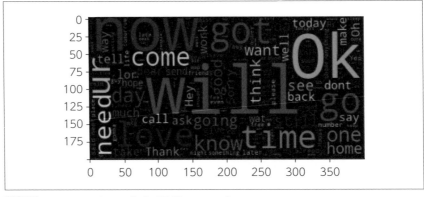

図13-13 ワードクラウドの作成（通常のメール）

　自然言語をコンピュータで分析できるようにするために、文章の大文字を小文字に揃えていきます。コンピュータは文章の中の英単語の表記揺れ（例：「Aplle」と「apple」の違い）を区別することができず、別の意味の単語と認識してしまいます。そこで、すべての文章を小文字に揃えることで表記揺れの問題を解決します。以下のプログラムを実行すると、電子メールの文章をすべて小文字に揃えることができます。

リスト13-10　大文字を小文字に変換

```
email['text'] = email['text'].str.lower()
email
```

▶実行結果

| | type | text |
|---|---|---|
| **0** | 0 | go until jurong point crazy.. available only ... |
| **1** | 0 | ok lar... joking wif u oni... |
| **2** | 1 | free entry in 2 a wkly comp to win fa cup fina... |
| **3** | 0 | u dun say so early hor... u c already then say... |
| **4** | 0 | nah i don't think he goes to usf he lives aro... |
| **...** | ... | ... |
| **5566** | 0 | why don't you wait 'til at least wednesday to ... |
| **5567** | 0 | huh y lei... |
| **5568** | 1 | reminder from o2: to get 2.50 pounds free call... |
| **5569** | 1 | this is the 2nd time we have tried 2 contact u... |
| **5570** | 0 | will ü b going to espla |

5571 rows × 2 columns

## ストップワードの除去

　次に、「**ストップワード**[※18]」の除去を行います。ストップワードは、通常のメールとスパムメールの両方に、同じくらいの頻度で出現する可能性が高いです。スパムメールを分類するときにストップワードは邪魔となってしまうため、ストップワードを可能な限り除去していきます。以下のプログラムでは、「a」、「the」、「an」の3種類の冠詞を除去する処理を行っています。「replace」という命令を実行する際に、置換前のキーワードに「the」の前後に半角の空白を入れた「 the 」を、置換後のキーワードに半角の空白「 」を一つだけ指定すると、冠詞を半角の空白に置き換えることができます。ストップワードには他にもたくさんの種類があるのですが、本書ではストップワードの除去は冠詞の3種類のみとします。

用語解説　[※18]

**ストップワード**

ストップワードとは、英語における冠詞（「a」や「the」）などの一般的な単語のことです。一般的な英語のストップワードには、「by」「of」などの前置詞や、「a」「an」「the」などの冠詞、「We」「They」「She」などの代名詞などがあります。

## リスト13-11　ストップワードの除去

```
email['text'] = email['text'].str.replace(' the ', ' ')
email['text'] = email['text'].str.replace(' a ', ' ')
email['text'] = email['text'].str.replace(' an ', ' ')
email
```

▶実行結果

| | type | text |
|---|---|---|
| **0** | 0 | go until jurong point crazy.. available only ... |
| **1** | 0 | ok lar... joking wif u oni... |
| **2** | 1 | free entry in 2 wkly comp to win fa cup final ... |
| **3** | 0 | u dun say so early hor... u c already then say... |
| **4** | 0 | nah i don't think he goes to usf he lives aro... |
| **...** | ... | ... |
| **5566** | 0 | why don't you wait 'til at least wednesday to ... |
| **5567** | 0 | huh y lei... |
| **5568** | 1 | reminder from o2: to get 2.50 pounds free call... |
| **5569** | 1 | this is 2nd time we have tried 2 contact u. u ... |
| **5570** | 0 | will ü b going to espla |

5571 rows × 2 columns

　その他にも、「ステミング」という過去分詞や現在分詞を標準形に変換する処理や、数字や余分な空白を除去するなどの事前処理を行うと、コンピュータによる自然言語の分析をより正確に行うことができます。このような**自然言語に対する事前処理**[19]は、他にもたくさんの種類があり、その作業量も膨大となるため、本書で扱う電子メールのデータセットに対する事前処理はここまでとします。

## 形態素解析の実行

　それでは、「**CountVectorizer**」という命令を使って、形態素解析を行いながら、電子メールの文章をAIが計算しやすい形式（ベクトル形式）に変換する処理を行いましょう。「min_df」とは出現数が低い単語を除外するオプションです。「min_df=3」とすることで出現数が3回以下の単語を除外している理由は、人名や地域名などのあまり出現頻度の高くない単語を除外したほうが、スパムメールの分類を上手に行うことができるからです。文章に含まれている単語を5件ほど見てみると、形態素解析によって「available」「crazy」などの単語を抽出している事がわかります。

リスト13-12　電子メールの文章の形態素解析

```
from sklearn.feature_extraction.text import CountVectorizer
vector = CountVectorizer(min_df = 3)
vector.fit(email['text'])
text_vec = vector.transform(email['text'])

dict(list(vector.vocabulary_.items())[0:5])
```

▶実行結果

```
{'available': 348, 'crazy': 686, 'go': 1087, 'point': 1880,
'until': 2575}
```

## スパムを分類するAIの作成

　形態素解析を行った電子メールの文章データを用いて、スパムメールの分類を行うためのAIを作成してみましょう。ここでは「**ナイーブベイズ**」と呼ばれるAIを作成します。ナイーブベイズは、「**ベイズの定理**[20]」という確率の考え方を用いたAIのアルゴリズムです。ある単語が含まれるメールがスパムメールであるかという確率を求め、その確率が一定の大きさを超えた場合に、電子メールをスパムメールとして分類します。ベイズの定理の理論については、数学的に少し込み入った話となるため、本書では説明を割愛します。

**用語解説** ※20

**ベイズの定理**
「条件付き確率」という統計学の考え方を応用した定理です。「結果」を生じさせる「原因」を探ることができます。たとえば、「結果：スパムと判断されたメール」に対して「原因：スパムに使用されていた単語は何か？」を明らかにすることができます。

リスト13-13　ナイーブベイズのAIを作成

```
from sklearn.naive_bayes import BernoulliNB
model = BernoulliNB()
model.fit(text_vec, email['type'])
```

▶実行結果

```
BernoulliNB(alpha=1.0, binarize=0.0, class_prior=None, fit_
prior=True)
```

　作成したナイーブベイズのAIを使って、どのくらいの精度でスパムメールを分類できるようになったかを試してみましょう。
　リスト13-14のプログラムを実行すると、AIが電子メールの文章を解析し、**通常のメールであるか、スパムメールであるかを判定**[21]します。そして、AIの判定結果と、実際の正解ラベルを比較し、スパムメール分類の

**ワンポイント** ※21

「スパム」という用語は食べ物のスパムから来ています。第二次世界大戦中に、アメリカ政府は兵士に対して毎日のように「スパムの缶詰」を送っていました。しかし、兵士は毎日送られてくる大量のスパムの缶詰に飽きてしまったことから、「欲しくないのに届けられるもの」のことを「スパム」と表現するようになったそうです。

成功率を表示することができます。今回、スパムメール分類の成功率は約98.8%となっていますので、このデータセットに対するスパムメール分類の精度をかなり高くすることができました。

リスト13-14　スパムメール分類の成功率

```
model.score(text_vec, email['type'])
```

▶実行結果

```
0.9881529348411416
```

　最後に、任意の電子メールの文章に対して、AIがどのような分類をするかを確かめてみましょう。以下のプログラムの括弧 [] 内に、任意の文章を入力して実行すると、その文章を含む電子メールが通常のメールであるか、スパムメールであるかを判定します。

　出力結果が「array([0])」となっていれば通常のメール、「array([1])」となっていればスパムメールという意味です。実際に英語のスパムメールが届いたことがある人は、試しにここに入力してAIによるスパムメール分類を試してみてはいかがでしょうか。

リスト13-15　新しい電子メールの文章に対するスパムメール分類①

```
test = pd.DataFrame(['I cant pick the phone right now.'])
test_vec = vector.transform(test[0])
model.predict(test_vec)
```

▶実行結果

```
array([0])
```

リスト13-16　新しい電子メールの文章に対するスパムメール分類②

```
test = pd.DataFrame(['Congratulations ur awarded $500.'])
test_vec = vector.transform(test[0])
model.predict(test_vec)
```

▶実行結果

```
array([1])
```

# 第14講

# データ活用実践
# （教師あり学習と教師なし学習）

本講で紹介するリストのソースコードは下記のURLにあります。

https://colab.research.google.com/drive/1fxERkes-nswZOPMyOoiaBlXG_HAzQ-8u?usp=sharing

## 14-1 | AIの学習方式

### 機械学習とAI

　本講では、データ分析を行うAIの具体的な作り方について学びます。コンピュータと人間の考え方は大きく異なるため、人間とまったく同じ考え方をするAIを作ろうとしてもなかなかうまくいきません。

　一方、「**機械学習**」と呼ばれる手法を用いると、人間と同じような振る舞いをするAIを作ることができます。AIは、何らかの入力を受け付けて、人間のような出力を返すソフトウェアのことです。

　たとえば、猫の写真を見て、「この写真は猫である」と判断することができれば、写真を判断するときのAIの中身はブラックボックスで構いません。つまり、AIが人間と同じような考え方をしていても、コンピュータに特化した考え方をしていても、**入力と出力が同じとなれば問題ない**[※1]わけです。

　ここからは、AIに人間のような知性を与えるための機械学習の代表的な手法について、具体例を交えながら学んでいきましょう。

**ワンポイント**　[※1]

「AIがなぜその答えを出したのか分からなくても、答えが合っていたら良い」という設計思想で作られたAIのことを「ブラックボックスAI」と呼びます。一方、「答えが合っているだけでなく、AIの思考回路も明らかにしたい」という設計思想で作られたAIを「ホワイトボックスAI」と呼びます。ホワイトボックスAIは、ブラックボックスAIよりもはるかに作ることが難しいです。しかし、最近ではAIは社会の重要な意思決定に使われるようになってきたため、意思決定のプロセスを明確化できるホワイトボックスAIの需要が増しています。

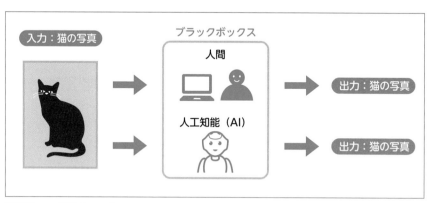

図14-1 AIの学習とモデル

### 教師あり学習

　AIの機械学習には、大きく分けて「教師あり学習」、「教師なし学習」、「強化学習」という3種類の学習方式があります。それぞれの学習方式には長所と短所があるため、扱うデータの特徴や、AIで解こうとする問題の性質に

合わせて、使い分けることが必要です。

**教師あり学習**とは、「正解」がわかっているデータ（以降、正解データ）を用いて学習する方式のことです。正解データとは、たとえば、ある画像のデータがあるときに、**その画像が「犬」なのか「猫」なのかというラベル情報も同時に付いているデータ**のことです。

AIは、正解データの犬の画像からは犬の特徴を学習し、猫の画像からは猫の特徴を学習します。そして、学習のときに存在しなかった未知の入力画像に対して、事前に学習した犬と猫の特徴から、画像が犬と猫のどちらに似ているのかを判定するという仕組みです。

教師あり学習の最大の特徴は、学習段階で正解データが必要になるという点です。AIと聞くと、未知の入力画像に対して自動的に正解を導いてくれるように思いがちですが、教師あり学習のAIは事前に**正解データ**[*2]を与えて学習させないと何もできません。

正解データは人間が作る必要があるため、教師あり学習のAIを作るのはとても手間がかかりますが、精度の高いAIを作ることができます。実際に、現在の世の中に普及しているAIのほとんどは、教師あり学習で作られたAIであると言われています。

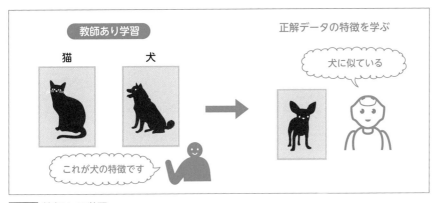

**図14-2** 教師あり学習

## 教師なし学習

**教師なし学習**は、正解のないデータを入力して学習させる方式です。教師あり学習の例では、犬の画像には犬のラベルを付け、猫の画像には猫のラベルを付けて学習させていました。一方、教師なし学習の場合は、**画像に何もラベルを付けないで学習**させます。

教師なし学習は、入力されるデータが持つ情報が限定的となるため、教師あり学習と比較して難易度の高い学習方式です。現在のところ、教師なし学習のAIにできることは限定的です。

たとえば、教師なし学習の代表的な応用例である「**クラスタリング**[※3]」では、異なる種類の動物が写った複数枚の画像の中から、特徴が似ている動物の画像をグループとして抽出することができます。

教師なし学習の場合、事前に正解データを入力してAIに特徴を学習させる必要がないため、正解のないデータをAIに与えると、すぐに出力を得ることができます。教師なし学習は、カテゴリとしては機械学習のひとつですが、どちらかというと統計学のようなデータ分析の手法に近い性質を持っています。

いまのところ、教師なし学習のAIによってできることは限定的であり、精度も教師あり学習に劣ることから、実際の社会の中ではそこまで活躍できていません。しかし、教師なし学習にも優れた性質があります。それは、「**人間が正解データを作らなくてもよい**」ということです。

現在の教師あり学習は人間が正解データを作る必要があるため、さまざまな用途に応じた精度の高いAIを**量産**することが難しく、AIを社会に普及させる際の最大の障壁となっています。将来的に、正解データを必要としない教師なし学習のAIを進化させることができれば、**AIの可能性はさらに広がっていく**[※4]ことが期待されており、世界中の研究者によって熱心に研究されています。

**注意** [※1]
本書ではクラスタリングの演習は行いませんが、K平均法などのAIのアルゴリズムを使うと行うことができます。K平均法によるクラスタリングは、Pythonを使って簡単に行うことができますので、興味のある方はチャレンジしてみてください。

**ワンポイント** [※4]
2018年のチューリング賞受賞者の一人であるYann LeCunn 氏 は、AAAI2020というAIのトップ国際会議の中で以下の発言をしています。

「私は間違っていました、教師あり学習をいますぐ廃棄して、教師なし学習を始めてください」

教師あり学習でチューリング賞（コンピュータ界のノーベル賞相当）を受賞したLeCunn氏から見ても、教師なし学習は今後が期待される技術なのです。

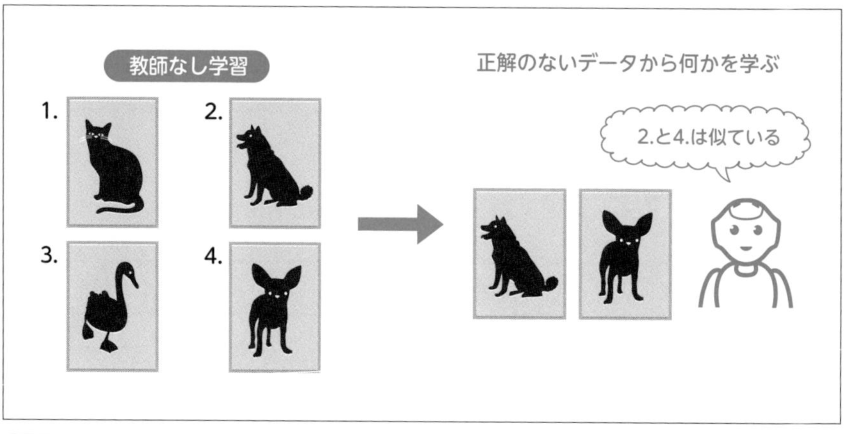

図14-3 教師なし学習

## 強化学習

**強化学習**は、教師あり学習と教師なし学習とは大きく異なる学習方式です。強化学習では、**学習のためのデータを事前に用意する必要はありません。**

強化学習のAIは、自分の周りの環境を計測しながら、自分が何らかの行動をとったときに、周りの環境はどのように変化するのか、という「環境」と「行動」をセットにして学習を進めます。そして、ある「目的」を達成するために、自分の行動を修正していきます。

以前、将棋のプロをAIが打ち負かしたというニュースが流れましたが、そのAIは強化学習によって学習されたAIでした。将棋のAIは、最初はどうやったら人間に勝利できるのかを知らないのですが、さまざまな盤面の状態（環境）に対して、自分の手（行動）を試行錯誤しながら最善手を学んでいくことで、ついに人間のプロを打ち負かす（目的）ことに成功しました。

強化学習のAIは人間を超える可能性を秘めており、世間からも大きく注目されていますが、本書ではこれ以上は取り扱いません。本書では、教師あり学習と教師なし学習の2種類のみを対象とします。**強化学習**[※5]を対象外とする理由は、他の2種類の方式と比較して、実装方法や利用方法が複雑であり、機械学習のための数学をかなり深くまで理解していないと取り扱えないためです。

興味のある読者は、本書の内容を一通り理解したあとで、別の書籍などを参考にしてください。

> **ワンポイント** ※5
> 強化学習を勉強してみたい人は、「OpenAIGym」という強化学習のアルゴリズム開発のためのツールキットを使ってみてください。ビデオゲームを攻略するAIをPythonで作りながら、強化学習の仕組みを学ぶことができます。
> https://gym.openai.com/

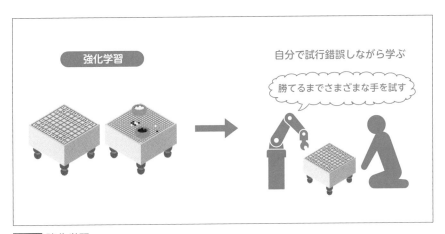

図14-4 強化学習

# 14-2 | 教師あり学習の出力

## 分類

　教師あり学習は、どのようなデータを入力し、どのような分析結果を出力させるかによって、いくつかの形式に分かれます。ここでは「**分類（Classification）**」と呼ばれる出力形式について学びましょう。

　分類の特徴は、あるデータが「**どのカテゴリに属するか**」という結果を出力することです。たとえば、お弁当屋さんの訪問販売において、顧客の情報（年齢、性別、職業など）、お弁当の商品情報（今日のメニュー、カロリーなど）、環境の情報（気温や天気など）を入力データとして、ある地域でお弁当の訪問販売をした場合に、顧客がお弁当を購入する見込みがあるかを予測します。顧客が「購入する」「購入しない」のどちらのカテゴリに属するかをAIに判断させるわけです。

　本来、人間が勘や経験で行っていた物事の判断を、人間の代わりにAIに実行させるという、実際のビジネス現場で最も利用されている出力形式となります。

　お弁当屋さんの訪問販売の例では、顧客が購入する場合は「1」、購入しない場合は「0」という2種類の「**離散値**」を出力させます。離散値とは、整数として表現されるデータのことです。分類のAIには、2種類の分類をさせるだけでなく、3種類以上の分類をさせることもできます。顧客を「購入する」「購入しない」という2種類に分類するようなケースを「**2値分類**」、入力画像を「犬」「猫」「鳥」の3種類以上に分類するようなケースを「**多値分類** [※6]」と呼びます。

**注意** [※6]

分類する対象は「犬」、「猫」、「鳥」のような違いがはっきりしているものから、「Sサイズ」、「Mサイズ」、「Lサイズ」などの区切りが曖昧なものまであります。データの種類や分類目的によっては、精度の高いAIを作成することが難しい場合もあります。どのAIアルゴリズムを用いるとしても、最初に正解ラベル付きのデータを用いて学習を行い、その後、未知の情報が入力された場合でも正解の分類を再現できるAIを作成するという進め方が重要となります。

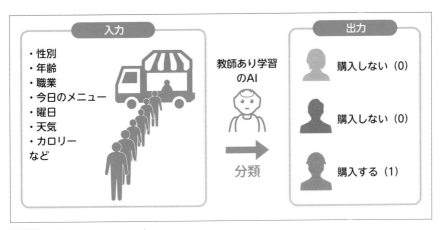

図14-5 分類（Classification）

## 回帰

　「**回帰（Regression）**」という出力形式では、「どのカテゴリに属するか」ではなく、「**どのような数値になるか**」を出力できます。たとえば、お弁当の訪問販売において、顧客の情報、商品の情報、環境の情報によって、1日のお弁当の販売個数が変化することが予想されます。**回帰のAI**[7] を用いることで、1日のお弁当の**販売個数**を正確に予想し、廃棄商品の削減と、利益の向上につながる行動を取ることができるのです。

　回帰の出力では、出力される数値は「**連続値**」となります。連続値とは、時間や行動によって連続的に変化するデータのことです。連続値は、お弁当の販売数のように整数の場合もあれば、身長のように小数の場合もあります。

**用語解説**　※7

**回帰のAI**

回帰のAIはビジネスのさまざまな分野で利用されています。たとえば、町の交通量を予想してバスやタクシーの最適な配車台数を決定したり、株価や為替の動きを予想して利益をあげることができたりします。

図14-6 回帰（Regression）

# 14-3 | 教師なし学習の出力

## クラスタリング

　教師なし学習の出力形式についても複数の種類があります。その1つが「**クラスタリング (Clustering)**」です。クラスタリングとは、教師あり学習の分類と同じようなカテゴリ分類を、正解データではなく、正解のないデータから行うことです。

　たとえば、お弁当の訪問販売では、性別や年齢などの顧客の属性情報や、どのような商品を好んで購入するかなどの情報に応じて、顧客をいくつかのグループに分類することができます。

　教師あり学習の分類では、あらかじめ人間が決めたカテゴリに基づいた分類結果が出力されます。お弁当を購入する、購入しない、などの、事前に決めたカテゴリに従った分類結果です。

　一方、教師なし学習のクラスタリングは、分類後のグループの特徴を人間が見出す必要があります。お弁当の訪問販売の潜在顧客に対してクラスタリングを行うと、顧客を女子学生、サラリーマン、工事現場作業員のグループに分けた結果などが自動的に出力されます。クラスタリングによってどのようなグループ分けが行われるかは、AIによる分類結果を調べてみないと分かりませんが、時には人間が気づかないグループが見つかることがあります。

　顧客全体ではなく、特定のグループに限定した行動（たとえば工事現場作業員にはスタミナのつくお弁当を割引する）をすれば、さらなる利益を挙げることができるかもしれません。

　このように、**何らかの行動につながる知見**[※8]を見出すことがクラスタリングの主な目的です。

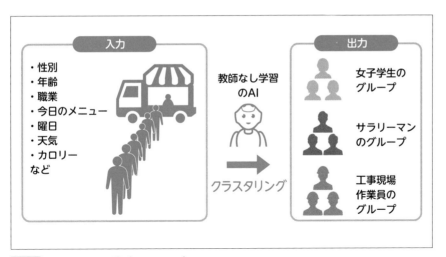

**図14-7** クラスタリング（Clustering）

## 連関分析

　「**連関分析（Basket Analysis）**<sup>※9</sup>」は、Aが起こると、Bが起こるという関係性に関する知識を出力するものです。「この商品を買った人はこんな商品も買っています」というオンラインショッピングの**レコメンド（推薦）機能**にも使われており、ビジネスへの応用につながりやすいことが特徴です。

　お弁当の訪問販売では、顧客が複数の商品を同時に購入可能な状況で、どの商品の組み合わせに関係があるのかを見出すことができます。そして、特定の商品を抱き合わせて割引価格で販売するという施策を行うことで、さらなる利益の向上を目論むことができるようになります。

**用語解説**　※9

**連関分析（Basket Analysis）**

スーパーマーケットなどで、顧客の買い物カゴ（英語でBasket）の中身を分析する事例が多いことから、連関分析 はBasket Analysisと呼ばれています。

**図14-8** 連関分析（Basket Analysis）

# 14-4 | 過学習と汎化

## 過学習

教師あり学習は、機械学習の中で最もよく利用される学習方式ですが、教師あり学習でAIを作る際には、「**過学習（Overfitting）**[※10]」という現象が発生しないように注意する必要があります。過学習をしたAIは、学習データに過剰に適合しているため、学習データに対しては精度が異常に高くなります。しかし、学習データと異なるデータに対しては、AIの精度がとても低くなってしまいます。

たとえば、画像分類のAIを作る際に、「りんご」と「犬」の画像ばかりを学習させ、「みかん」と「猫」の画像をほとんど学習させなかったとします。すると、AIの実運用の場面では、「りんご」と「犬」の画像をとても高い精度で分類できますが、「みかん」や「猫」の画像を正しく分類することができません。また、自動車の自動運転をAIで制御する場合、実際の公道の道路状況は毎日必ず異なります。テスト走行時のデータに過剰適合してしまった自動運転のAIでは、本番の公道走行において安全な運転をすることができないのです。このように、過学習してしまったAIは、実運用の場面ではまったく使い物にならないという課題が生じます。

**用語解説** [※10]

**過学習**
（Overfitting）
過学習とは、AIが学習データだけに最適化されてしまい、汎用性がない状態に陥ることのことです。AIを作成する際に、過学習は必ず発生する現象です。意外かもしれませんが、最新技術を使った高度で複雑なAIは、昔からあるシンプルなAIよりも、過学習しやすいという傾向があります。そのため、実社会のデータを使ってAIを作るときは、複雑なアルゴリズムのAIよりも、シンプルなアルゴリズムのAIのほうが、本番環境の精度が高くなることもしばしばです。

**図14-9** 過学習（Overfitting）

❶「犬」と「りんご」が多い画像データで学習する

❷「猫」を「犬」、「みかん」を「りんご」という間違った予測をしてしまう

## 汎化

AIが学習データから学習した知性を、未知のデータに対しても適用できるようにすることを**汎化（Generalization）**と呼びます。

AIを実世界に応用させるためには、学習データには無かった未知のデータに対しても、分類や回帰を正しく実行できる必要があります。そこで、教師あり学習のAIを作る際に、集めたデータをすべて学習データにするのではなく、集めたデータの一部分をテストデータとして取っておき、テストデータを除いた学習データだけで教師あり学習のAIを作成するのです。そして、作成したAIを使って、**学習に使わなかったテストデータに対して精度の高い予測**をすることができれば、汎化性能の高いAIを作れたということを確認できるのです。

汎化性能を向上するにはさまざまな手法がありますが、最も効果的なのは、なるべく偏りの少ないデータをたくさん集めることです。他にも、**正則化やドロップアウトなどの手法**[11]がありますが、少々、専門的となるため本書では割愛いたします。

**注意** [11]

汎化性能を向上するための手法に共通する考え方は「AIを複雑にしすぎない」ということと、「AIに学習させすぎない」ということです。学校のテストに例えるならば、過去問を丸暗記して100点を目指すのではなく、教科書の中身をきちんと理解して80点を目指すという戦略のほうが、本番環境でのAIの精度は高くなりやすいということです。

過去の販売データから学習　　　　　　未来の販売データを正しく予測

教師あり学習のAI

汎化

**図14-10** 汎化（Generalization）

# 14-5 | データ活用実践1 ─ 教師あり学習、分類

## データセットの入手

それでは、教師あり学習を用いた実践的なデータ分析を行いましょう。

分析に利用するデータは「**3種類のぶどうから作られたワインの化学成分に関するデータ**[12] (http://archive.ics.uci.edu/ml/datasets/Wine)」です。3種類のぶどうを原料として作られた合計178本のワインについて、アルコール度数や酸の強さなどの化学成分の数値が格納されています。

今回は、ワインに含まれる化学成分の数値から、3種類のぶどうの中でどのぶどうが実際に使われたのかを予測するAIを作成しましょう。教師あり学習でWineデータセットを学習させ、ぶどうの栽培品種の分類を行うAIを作成します。

**出典** [12]

Forina, M. et al, PARVUS - An Extendible Package for Data Exploration, Classification and Correlation. Institute of Pharmaceutical and Food Analysis and Technologies, Via Brigata Salerno, 16147 Genoa, Italy.

**表14-1** Wineデータセットに含まれるデータ

| 変数名 | 説明 |
|---|---|
| class | ぶどうの栽培品種（3種類） |
| alcohol | アルコール |
| malic_acid | リンゴ酸 |
| ash | 灰 |
| alcalinity_of_ash | 灰のアルカリ性 |
| magnesium | マグネシウム |
| total_phenols | フェノール類全量 |
| flavanoids | フラバノイド |
| nonflavanoid_phenols | 非フラバノイドフェノール類 |
| proanthocyanins | プロアントシアニン |
| color_intensity | 色彩強度 |
| hue | 色調 |
| OD280_OD315_of_diluted_wines | 蒸留ワインのOD280/OD315 |
| proline | プロリン |

## データセットの読み込み

以下のプログラムを実行して、Wineデータセットの読み込みを行います。以降、リストの内容は「＋コード」をクリックして、新しい入力欄に入

力するようにしてください。たとえば、リスト14-1とリスト14-2の内容は、異なる入力欄に入力して実行してください。Wineデータセットは有名なデータセットであるため、Colaboratoryの環境の中にあらかじめ入っています。ぶどうの栽培品種は3種類あり、それぞれの栽培品種が「0」、「1」、「2」の離散値で表現されています。

リスト14-1　Wineデータセットの読み込み

```
from sklearn.datasets import load_wine
wine = load_wine()

import pandas as pd
df = pd.DataFrame(wine.data, columns = wine.feature_names)

df['class'] = wine.target
df
```

▶実行結果

| | alcohol | malic_acid | ash | alcalinity_of_ash | magnesium | total_phenols | flavanoids | nonflavanoid_phenols | proanth-ocyanins | color_intensity | hue | od280/od315_of_diluted_wines | proline | class |
|---|---|---|---|---|---|---|---|---|---|---|---|---|---|---|
| 0 | 14.23 | 1.71 | 2.43 | 15.6 | 127.0 | 2.80 | 3.06 | 0.28 | 2.29 | 5.64 | 1.04 | 3.92 | 1065.0 | 0 |
| 1 | 13.20 | 1.78 | 2.14 | 11.2 | 100.0 | 2.65 | 2.76 | 0.26 | 1.28 | 4.38 | 1.05 | 3.40 | 1050.0 | 0 |
| 2 | 13.16 | 2.36 | 2.67 | 18.6 | 101.0 | 2.80 | 3.24 | 0.30 | 2.81 | 5.68 | 1.03 | 3.17 | 1185.0 | 0 |
| 3 | 14.37 | 1.95 | 2.50 | 16.8 | 113.0 | 3.85 | 3.49 | 0.24 | 2.18 | 7.80 | 0.86 | 3.45 | 1480.0 | 0 |
| 4 | 13.24 | 2.59 | 2.87 | 21.0 | 118.0 | 2.80 | 2.69 | 0.39 | 1.82 | 4.32 | 1.04 | 2.93 | 735.0 | 0 |
| ... | ... | ... | ... | ... | ... | ... | ... | ... | ... | ... | ... | ... | ... | ... |
| 173 | 13.71 | 5.65 | 2.45 | 20.5 | 95.0 | 1.68 | 0.61 | 0.52 | 1.06 | 7.70 | 0.64 | 1.74 | 740.0 | 2 |
| 174 | 13.40 | 3.91 | 2.48 | 23.0 | 102.0 | 1.80 | 0.75 | 0.43 | 1.41 | 7.30 | 0.70 | 1.56 | 750.0 | 2 |
| 175 | 13.27 | 4.28 | 2.26 | 20.0 | 120.0 | 1.59 | 0.69 | 0.43 | 1.35 | 10.20 | 0.59 | 1.56 | 835.0 | 2 |
| 176 | 13.17 | 2.59 | 2.37 | 20.0 | 120.0 | 1.65 | 0.68 | 0.53 | 1.46 | 9.30 | 0.60 | 1.62 | 840.0 | 2 |
| 177 | 14.13 | 4.10 | 2.74 | 24.5 | 96.0 | 2.05 | 0.76 | 0.56 | 1.35 | 9.20 | 0.61 | 1.60 | 560.0 | 2 |

5571 rows × 2 columns

## 事前準備

　Wineデータセットに含まれる13種類の化学成分のデータを用いて、ぶどうの栽培品種の分類を行うAIを作成します。「x = df.drop(['class'], axis = 1)」という命令を実行すると、ぶどうの栽培品種を表す「class」列以外のすべての列を入力データにすることができます。

　また、Wineデータセットには合計178本のワインに関するデータがありますが、178本のワインのすべてを学習データにしてしまうと、作成したAIの汎化性能を評価することができません。そこで、「train_test_split」という

命令を使って、178本のワインのうち、70%（124本）を学習データ、残りの
30%（54本）をテストデータとするようにデータを分割します。

リスト14-2　学習データとテストデータの分割

```
x = df.drop(['class'], axis = 1)
y = df['class']

from sklearn.model_selection import train_test_split
x_train, x_test, y_train, y_test = train_test_split(
    x, y, train_size = 0.7, test_size = 0.3, random_state = 0)
```

▶実行結果

表示なし

## ランダムフォレストによる教師あり学習

教師あり学習のアルゴリズムにはさまざまな種類がありますが、ここで
は「**ランダムフォレスト**」というアルゴリズムを使います。ランダムフォレス
トは、複数の分類用のAIを作成して、多数決で分類結果を決定する「**アンサ
ンブル学習** [※13]」と呼ばれる手法のひとつです。精度が良いため、機械学習
でよく使われる教師あり学習のアルゴリズムです。

以下のプログラムを実行すると、ランダムフォレストで教師あり学習を
したAIを作成できます。AIの学習には学習データのみを使っており、テス
トデータは学習に使っていません。テストデータに対してAIが予測した結
果の精度が良い場合は、AIの汎化性能が高いということを意味します。出
力結果の0、1、2の離散値は、あらかじめ別にとっておいたテストデータ
に対するAIの予測結果を表しています。

リスト14-3　ランダムフォレストによる教師あり学習

```
from sklearn.ensemble import RandomForestClassifier
model = RandomForestClassifier()
model.fit(x_train, y_train)
model.predict(x_test)
```

ワンポイント　[※13]
ランダムフォレストは、精度
の高いAIを手軽に作ること
ができるため、ビジネス現
場でも実際によく使われる
人気の高いAIのアルゴリズ
ムです。ランダムフォレスト
は「バギング」と呼ばれる手
法の一つであり、AIが過学
習することを防いでくれま
す。逆に、データが少なす
ぎて学習不足に陥りそうな
時は、「ブースティング」と
呼ばれる手法を使うと良い
とされています。

▶実行結果

```
array([0, 2, 1, 0, 1, 1, 0, 2, 1, 1, 2, 2, 0, 1, 2, 1, 0,
0, 2, 0, 1, 0,
       0, 1, 1, 1, 1, 1, 1, 2, 0, 0, 1, 0, 0, 0, 2, 1, 1,
2, 0, 0, 1, 1,
       1, 0, 2, 1, 2, 0, 2, 2, 0, 2])
```

## プログラムの実行

　以下のプログラムを実行すると、学習データとテストデータに対する分類結果の精度を確認できます。学習データに対する分類精度は100%、テストデータに対する分類精度は98.1%となっています。Wineデータセットに対して、非常に高い精度でぶどうの栽培品種を分類できるAIを作成することができました。テストデータに対する分類精度が98.1%という結果は、汎化性能の面からも申し分のない良いAIであることを示しています。

リスト14-4　学習データとテストデータに対する分類精度

```
print('正解率(train):{:.3f}'.format(model.score(x_train, y_
train)))
print('正解率(test):{:.3f}'.format(model.score(x_test, y_
test)))
```

▶実行結果

```
正解率(train):1.000
正解率(test):0.981
```

# 14-6 | データ活用実践2 ―― 教師あり学習、回帰

**出典** ※14

The Boston house-price data of Harrison, D. and Rubinfeld, D.L. 'Hedonic prices and the demand for clean air', J. Environ. Economics & Management, vol.5, 81-102, 1978. Used in Belsley, Kuh & Welsch, 'Regression diagnostics ...', Wiley, 1980. N.B. Various transformations are used in the table on pages 244-261 of the latter.

## データセットの入手

次は、住宅の価格を予測する**回帰のAI**を教師あり学習で作成しましょう。分析に利用するデータは**Boston Housingデータセット**[14]（http://lib.stat.cmu.edu/datasets/boston）です。

1970年代後半の米国マサチューセッツ州にあるボストンの住宅価格に関するデータが格納されています。米国国勢調査局が収集した情報から抽出、加工されたデータセットです。このデータセットには、ボストンにある506件の住宅の価格が、住宅の築年数や町の犯罪率などのデータとともに格納されています。

**表14-2** Boston Housingデータセットに含まれるデータ

| 変数 | 説明 |
| --- | --- |
| CRIM | 犯罪発生率 |
| ZN | 25,000平方フィート以上の住宅区画の割合 |
| INDUS | 非小売業種の土地面積の割合 |
| CHAS | チャールズ川沿いかを表すダミー変数 |
| NOX | 窒素酸化物の濃度 |
| RM | 平均部屋数 |
| AGE | 1940年より前に建てられた建物の割合 |
| DIS | 5つのボストンの雇用施設への重み付き距離 |
| RAD | 高速道路へのアクセスのしやすさ |
| TAX | 10,000ドルあたりの不動産税率 |
| PTRATIO | 生徒と教師の割合 |
| B | 黒人の割合 |
| LSTAT | 低所得者の割合 |
| MEDV | 住宅価格の中央値（1,000単位） |

## データセットの読み込み

Boston Housingデータセットは有名なデータセットであるため、Colaboratoryの環境の中にあらかじめ入っています。以下のプログラムを実行して、Boston Housingデータセットの読み込みを行います。以降、リストの内容は

「＋コード」をクリックして、新しい入力欄に入力するようにしてください。
たとえば、リスト14-5とリスト14-6の内容は、異なる入力欄に入力して実
行してください。「MEDV」の列には、住宅の価格が1,000ドル単位で格納さ
れています。

リスト14-5　Boston Housingデータセットの読み込み

```
from sklearn.datasets import load_boston
boston = load_boston()

import pandas as pd
df = pd.DataFrame(boston.data, columns = boston.feature_
names)

df['MEDV'] = boston.target
df.head()
```

▶実行結果

| | CRIM | ZN | INDUS | CHAS | NOX | RM | AGE | DIS | RAD | TAX | PTRATIO | B | LSTAT | MEDV |
|---|---|---|---|---|---|---|---|---|---|---|---|---|---|---|
| 0 | 0.00632 | 18.0 | 2.31 | 0.0 | 0.538 | 6.575 | 65.2 | 4.0900 | 1.0 | 296.0 | 15.3 | 396.90 | 4.98 | 24.0 |
| 1 | 0.02731 | 0.0 | 7.07 | 0.0 | 0.469 | 6.421 | 78.9 | 4.9671 | 2.0 | 242.0 | 17.8 | 396.90 | 9.14 | 21.6 |
| 2 | 0.02729 | 0.0 | 7.07 | 0.0 | 0.469 | 7.185 | 61.1 | 4.9671 | 2.0 | 242.0 | 17.8 | 392.83 | 4.03 | 34.7 |
| 3 | 0.03237 | 0.0 | 2.18 | 0.0 | 0.458 | 6.998 | 45.8 | 6.0622 | 3.0 | 222.0 | 18.7 | 394.63 | 2.94 | 33.4 |
| 4 | 0.06905 | 0.0 | 2.18 | 0.0 | 0.458 | 7.147 | 54.2 | 6.0622 | 3.0 | 222.0 | 18.7 | 396.90 | 5.33 | 36.2 |

5571 rows × 2 columns

事前準備

　今回は、住宅の部屋数を表す「RM」列のデータの1種類のみを使って、住
宅価格のMEDVを予想する回帰のAIを作成したいと思います。1種類の説
明変数を用いて目的変数を予測することを「**単変量解析**」と呼びます。

　さきほどのWineデータセットでは、ぶどうの栽培品種の分類を行うAIを
作成するときに、複数の説明変数を用いて目的変数の予測を行いました。こ
の手法を「**多変量解析**」と呼びます。単変量解析よりも多変量解析のほうが
AIの予測精度が向上することが多いですが、今回はAIの予測結果を2次元
のグラフで可視化したいため、単変量解析のアルゴリズムで回帰のAIを作
成したいと思います。

　ここでも、AIの汎化性能を評価するために、「train_test_split」という命令を
使って、506件の住宅のうち、70%（354件）を学習データ、残りの30%（152
件）をテストデータとするようにデータを分割することを忘れないでください。

リスト14-6　学習データとテストデータの分割

```
x = df[['RM']]
y = df['MEDV']

from sklearn.model_selection import train_test_split
x_train, x_test, y_train, y_test = train_test_split(
    x, y, train_size = 0.7, test_size = 0.3, random_state = 0)
```

▶実行結果

表示なし

## 単回帰分析による教師あり学習

　354件の学習データを使って住宅価格を予測する回帰のAIを作成します。

　ここでは単変量解析の1種である「**単回帰分析**[※15]」というアルゴリズムを使います。単回帰分析は、1つの説明変数を使って目的変数の値を「**直線的に**」予測するアルゴリズムです。説明変数として選んだRM（部屋数）が大きくなると、住宅が大きくなり豪華になることが予想されます。RM（部屋数）に比例して、目的変数のMEDV（住宅価格）も直線的に増加するという仮説のもとで、住宅価格を予測するAIを作成します。

　以下のプログラムを実行すると、単回帰分析による教師あり学習が実行されます。

リスト14-7　単回帰分析による教師あり学習

```
from sklearn.linear_model import LinearRegression
model = LinearRegression()
model.fit(x_train, y_train)
print('intercept = ', model.intercept_)
print(pd.DataFrame({"Name":x_train.columns,
                    "Coefficients":model.coef_}).sort_
values(by='Coefficients'))
```

▶実行結果

```
intercept =  -35.99434897818352
  Name  Coefficients
0   RM      9.311328
```

## グラフによる可視化

　単回帰分析の場合は、説明変数（RM：部屋数）と目的変数（MEDV：住宅価格）の関係性を2次元のグラフで表すことができます。以下のプログラムを実行すると、AIによる住宅価格の予測結果を**グラフに可視化**[16]して確認できます。

　グラフの横軸は部屋数、縦軸は住宅価格を示しています。丸い点は学習データに記載された354件の住宅の部屋数と価格を可視化したものです。住宅によって多少の差はありますが、部屋数が多い住宅ほどその価格も高くなっていく傾向が見られます。右肩上がりの直線は、単回帰分析によって作成されたAIによる予測結果です。

　単回帰分析で作成されるAIは、部屋数と住宅価格の関係性を直線で表しています。この直線を使うことで、住宅の部屋数に応じた住宅価格を予測することができるのです。

リスト14-8　予測結果の可視化

```
import matplotlib.pyplot as plt
plt.scatter(x_train, y_train, color = 'blue')
plt.plot(x_train, model.predict(x_train), color = 'red')
plt.title('Regression Line')
plt.xlabel('Average number of rooms [RM]')
plt.ylabel('Prices in $1000\'s [MEDV]')
plt.grid()
plt.show()
```

▶実行結果

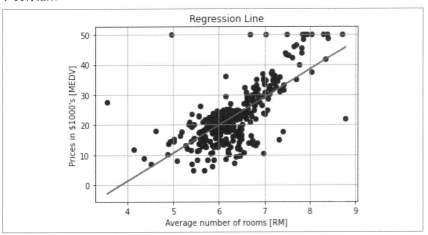

図14-11　予測結果の可視化

**ワンポイント** [16]

多少面倒であっても、統計分析の結果や、AIの予測結果をグラフにすることはとても重要なことです。偉大な統計学者であるジョン・テューキーは、以下の言葉を残しています。

「グラフは我々に、期待しなかったことを気付かせる。それより重要なものはないのではないか。」

よくわからないデータから視覚的に、正しい疑問を見つけることが、データへアプローチする初期段階として非常に重要です。データのいろいろな面を観察することで、データからたくさんの発見をすることができるようになります。

**注意** [17]

リスト6行目のplt.ylabel('Prices in $1000\'s [MEDV]')の「\」は、日本語キーボードの右上にある「¥」をタイプすると入力できます。うまくいかない場合は「''」の中を単純に「'price'」としても動きます。

## 決定係数

　以下のプログラムを実行すると、学習データとテストデータに対する住宅価格の予測精度を確認できます。表示される数値は、「**決定係数**」と呼ばれるもので、1に近いほど予測精度が高いことを示しています。作成したAIを用いた予測では、学習データの決定係数は0.50、テストデータの決定係数は0.43となっています。決定係数が0.6を下回るAIはあまり使い物にならないため、AIの予測精度をもう少し向上する必要があります。

　単回帰分析でRM（部屋数）以外のデータを試してみたり、多変量解析の一種である「**重回帰分析**[18]」というアルゴリズムを用いたりすると、住宅価格の予測精度をさらに向上できますので、ぜひチャレンジしてみてください。

ワンポイント　※18

重回帰分析を用いると、0.7以上の決定係数を持つ精度のAIを作成することができます。

**リスト14-9** 価格予測の決定係数

```
from sklearn.metrics import r2_score
print('r^2 (train): ', r2_score(y_train, model.predict(x_
train)))
print('r^2 (test): ', r2_score(y_test, model.predict(x_
test)))
```

▶実行結果

```
r^2 (train):  0.5026497630040827
r^2 (test):  0.43514364832115193
```

# 14-7 | データ活用実践3 ── 教師なし学習、連関分析

## データセットの入手と読み込み

　最後に、教師なし学習を用いたデータ分析を行いましょう。顧客の買い物カゴの中身に関するデータに対して**連関分析**を行うことで、商品Aを買った人は、別の商品Bを購入することが多い、という関係性（以降、**連関規則**）を発見したいと思います。

　分析に利用するデータは「**Kaggle**[19]」というデータサイエンティストが集まるWebサイトで公開されている「スーパーマーケットの買い物カゴに関するデータ (https://www.kaggle.com/acostasg/random-shopping-cart)」です。

　データサイエンスの練習用データなので、誰でも無料で使うことができます。このURLからダウンロードできるデータセットに対して、ある程度のデータクレンジングを施したデータセット (basket_data.csv) を、本書のサポートサイト (P.12参照) に用意しました。

　本書のサポートサイトから「basket_data.csv」を入手してColaboratoryにアップロードしてください。アップロードが終わったら、以下のプログラムを実行してデータセットを読み込んでください。以降、リストの内容は「＋コード」をクリックして、新しい入力欄に入力するようにしてください。たとえば、リスト14-10とリスト14-11の内容は、異なる入力欄に入力して実行してください。

**用語解説** [19]

**Kaggle**
Kaggleは世界中の機械学習・データサイエンスに携わっている約40万人の方が集まるコミニティーであり、データサイエンスの能力向上に有用な練習問題を多数そろえています。データサイエンスに興味がある読者は、ぜひ登録して腕を磨いてください。

リスト14-10　買い物カゴデータセットの読み込み

```python
import pandas as pd
df = pd.read_csv('basket_data.csv')
df
```

| | date | customer_id | item_name |
|---|---|---|---|
| 0 | 2000/1/1 | 1 | yogurt |
| 1 | 2000/1/1 | 1 | pork |
| 2 | 2000/1/1 | 1 | sandwich bags |
| 3 | 2000/1/1 | 1 | lunch meat |
| 4 | 2000/1/1 | 1 | all- purpose |
| ... | ... | ... | ... |
| 22338 | 2002/2/26 | 1139 | soda |
| 22339 | 2002/2/26 | 1139 | laundry detergent |
| 22340 | 2002/2/26 | 1139 | vegetables |
| 22341 | 2002/2/26 | 1139 | shampoo |
| 22342 | 2002/2/26 | 1139 | vegetables |

5571 rows × 2 columns

## データ形式の変形

　データセットの中身を確認すると、「date」列に顧客の購入日、「customer_id」列に顧客のID、「item_name」列に顧客が購入した商品が格納されています。たとえば、顧客IDが「1」の顧客は、「yogurt」、「pork」、「sandwich bags」などを購入しているということが分かります。

　連関分析を行うためには、データセットの形式を変更する必要があるため、以下のプログラムを実行して、顧客ごとの購入商品をわかりやすく表示したデータ形式に変更してください。

リスト14-11　データ形式の変形

```
dataset = df.groupby('customer_id')['item_name'].
apply(list)
dataset
```

▶実行結果

```
customer_id
1        [yogurt, pork, sandwich bags, lunch meat, all-...
2        [toilet paper, shampoo, hand soap, waffles, ve...
3        [soda, pork, soap, ice cream, toilet paper, di...
4        [cereals, juice, lunch meat, soda, toilet pape...
5        [sandwich loaves, pasta, tortillas, mixes, han...
                               ...
1135     [sugar, beef, sandwich bags, hand soap, paper ...
1136     [coffee/tea, dinner rolls, lunch meat, spaghet...
```

```
1137    [beef, lunch meat, eggs, poultry, vegetables, ...
1138    [sandwich bags, ketchup, milk, poultry, cheese...
1139    [soda, laundry detergent, vegetables, shampoo,...
Name: item_name, Length: 1139, dtype: object
```

## ライブラリのインストール

次に、教師なし学習の連関分析を行うために「**mlxtend**」というライブラリをインストールしましょう。「**!pip install mlxtend**[20]」と入力して実行してください。インストール中はたくさんのメッセージが表示されますが、そのまましばらく待つとインストールが完了します。

**ワンポイント** [20]
pipというのはPythonに新しい機能をインストールするための命令です。

リスト14-12　連関分析ライブラリのインストール

```
!pip install mlxtend
```

▶実行結果

```
Requirement already satisfied: mlxtend in /usr/local/lib/
python3.6/dist-packages (0.14.0)
・・・(省略)・・・
```

## 頻出商品の抽出

連関分析を行う前に、複数の顧客が購入することが多い商品（頻出商品）を抽出してみます。以下のプログラムを実行すると、このデータセットの中で登場する商品の中で、複数の顧客によって購入されている頻出商品を確認することができます。「aluminum foil」や「bagels」などは、複数の顧客からの人気が高い商品のようです。

リスト14-13　頻出商品の抽出

```
from mlxtend.preprocessing import TransactionEncoder
from mlxtend.frequent_patterns import apriori
te = TransactionEncoder()
te_ary = te.fit(dataset).transform(dataset)
df2 = pd.DataFrame(te_ary, columns=te.columns_)
frequent_itemsets = apriori(df2, min_support=0.04, use_
colnames=True)
frequent_itemsets
```

| | support | itemsets |
|---|---|---|
| **0** | 0.374890 | (all- purpose) |
| **1** | 0.384548 | (aluminum foil) |
| **2** | 0.385426 | (bagels) |
| **3** | 0.374890 | (beef) |
| **4** | 0.367867 | (butter) |
| **...** | ... | ... |
| **19600** | 0.040386 | (spaghetti sauce, poultry, soda, laundry deter... |
| **19601** | 0.042142 | (lunch meat, poultry, sugar, vegetables, toile... |
| **19602** | 0.042142 | (lunch meat, waffles, soda, soap, vegetables) |
| **19603** | 0.040386 | (milk, poultry, mixes, vegetables, yogurt) |
| **19604** | 0.042142 | (poultry, mixes, sandwich loaves, vegetables, ... |

19605 rows × 2 columns

## 連関分析の実行

　それでは、連関分析を実施しましょう。以下のプログラムを実行すると、顧客の買い物カゴのデータに対して連関分析を行うことができます。分析結果を確認すると、「vegetables」と「poultry」という組み合わせや、「vegetables」と「eggs」という組み合わせで商品を購入する顧客が多いことが分かります。ほかにも、合計で約20万種類の連関規則が見つかりました。20万種類の連関規則の中には、スーパーマーケットの利益向上につながるような面白い組み合わせが見つかるかもしれません。

リスト14-14　連関規則の抽出

```
from mlxtend.frequent_patterns import association_rules

rules = association_rules(frequent_itemsets, metric =
"lift", min_threshold = 1)
rules = rules.sort_values('support', ascending = False).
reset_index(drop=True)

display(rules)
```

**▶実行結果**

| | antecedents | consequents | antecedent support | consequent support | support | confidence | lift | leverage | conviction |
|---|---|---|---|---|---|---|---|---|---|
| 0 | (vegetables) | (poultry) | 0.739245 | 0.421422 | 0.331870 | 0.448931 | 1.065276 | 0.020336 | 1.049919 |
| 1 | (poultry) | (vegetables) | 0.421422 | 0.739245 | 0.331870 | 0.787500 | 1.065276 | 0.020336 | 1.227083 |
| 2 | (vegetables) | (eggs) | 0.739245 | 0.389816 | 0.326602 | 0.441805 | 1.133370 | 0.038433 | 1.093139 |
| 3 | (eggs) | (vegetables) | 0.389816 | 0.739245 | 0.326602 | 0.837838 | 1.133370 | 0.038433 | 1.607989 |
| 4 | (vegetables) | (yogurt) | 0.739245 | 0.384548 | 0.319579 | 0.432304 | 1.124188 | 0.035304 | 1.084123 |
| ... | ... | ... | ... | ... | ... | ... | ... | ... | ... |
| 197939 | (ketchup, toilet paper) | (sandwich loaves, cheeses) | 0.156277 | 0.155399 | 0.040386 | 0.258427 | 1.662985 | 0.016101 | 1.138931 |
| 197940 | (cheeses, toilet paper) | (sandwich loaves, ketchup) | 0.167691 | 0.152766 | 0.040386 | 0.240838 | 1.576518 | 0.014769 | 1.116012 |
| 197941 | (sandwich loaves) | (ketchup, cheeses, toilet paper) | 0.349429 | 0.074627 | 0.040386 | 0.115578 | 1.548744 | 0.014309 | 1.046303 |
| 197942 | (ketchup) | (sandwich loaves, cheeses, toilet paper) | 0.371378 | 0.069359 | 0.040386 | 0.108747 | 1.567885 | 0.014628 | 1.044194 |
| 197943 | (lunch meat, aluminum foil, poultry) | (spaghetti sauce) | 0.080773 | 0.373134 | 0.040386 | 0.500000 | 1.340000 | 0.010247 | 1.253731 |

197944 rows × 9 columns

　最後に、データサイエンスという言葉が流行するきっかけとなったとても有名な事例を紹介します。

　アメリカの大手スーパーマーケットに勤務するデータサイエンティストが、顧客の買い物カゴの中身に対して連関分析を行ったところ、**「紙おむつ」と「ビール」**という**不思議な組み合わせ**[21] が一緒に購入されていることが判明しました。あとから分かったことですが、この原因は子供の紙おむつを買いに来たお父さんが、ついでに自分の缶ビールを買うことが多かったからだそうです。

　そこで、このデータサイエンティストは、紙おむつとビールの2つを隣り合わせで陳列して販売するように指示したところ、この2つの商品の売り上げが急上昇したそうです。

　このように、人間の勘や経験だけでは見つけることが難しい知見であっても、データとそれを活かす技術（データサイエンス）があれば見つけることができるのです。読者のみなさんも、データという新しい資源を味方につけて、これからの社会を上手に生き抜いていってください。

**ワンポイント** ※21

ほかにも、「ペンキとローラー」や「トルティーヤチップスとサルサソース」などの組み合わせが、連関分析で発見された有名な事例となります。これらの組み合わせはセット販売されることでさらなる利益を生むようになりました。

# 索 引

## ア行

## カ行

## マ行・ヤ行・ラ行・ワ行

## ■ 著者紹介

### 岡嶋　裕史 （おかじま　ゆうし）

1972年東京都生まれ。中央大学大学院総合政策研究科博士後期課程修了。博士（総合政策）。富士総合研究所、関東学院大学経済学部准教授、同大学情報科学センター所長を経て、現在、中央大学国際情報学部教授。NHKスマホ講座講師。著書に『ブロックチェーン』、『5G』（講談社ブルーバックス）、『実験でわかるインターネット』（岩波ジュニア文庫）、『思考からの逃走』、『ネット炎上』（日本経済新聞出版社）など。

### 吉田　雅裕 （よしだ　まさひろ）

1985年生まれ。山口県出身。東京大学大学院博士課程修了。博士（学際情報学）。日本学術振興会特別研究員を経て、2013年に日本電信電話株式会社に入社。5Gと自動運転に関する研究開発を経て、現在、中央大学国際情報学部准教授。コンピュータネットワークとAIに関する研究教育活動に従事。中央大学AI・データサイエンスセンター所員、東京大学客員研究員、電子情報通信学会幹事。

装丁　　　　● 小野貴司
本文　　　　● BUCH⁺

# はじめての AI リテラシー
（エーアイ）

2021年7月7日　初版　第1刷発行

監修者　　岡嶋裕史　吉田雅裕
　　　　　（おかじまゆうし）（よしだまさひろ）
発行者　　片岡巌
発行所　　株式会社技術評論社
　　　　　東京都新宿区市谷左内町 21-13
　　　　　電話　03-3513-6150 販売促進部
　　　　　　　　03-3267-2270 書籍編集部
印刷／製本　図書印刷株式会社

定価はカバーに表示してあります。

本書の一部または全部を著作権法の定める範囲を超え、無断で複写、複製、転載、テープ化、ファイルに落とすことを禁じます。

ISBN978-4-297-12038-2 C3055
Printed in Japan

本書へのご意見、ご感想は、技術評論社ホームページ (https://gihyo.jp/) または以下の宛先へ書面にてお受けしております。電話でのお問い合わせにはお答えいたしかねますので、あらかじめご了承ください。

〒162-0846
東京都新宿区市谷左内町21-13
株式会社技術評論社書籍編集部
『はじめてのAIリテラシー』係

本書のご購入等に関するお問い合わせは下記にて受け付けております。
（株）技術評論社
販売促進部　法人営業担当

〒162-0846
東京都新宿区市谷左内町21-13
TEL:03-3513-6158
FAX:03-3513-6051
Email:houjin@gihyo.co.jp